鲁西西　著

愿你不为世界所累
活得更像自己

四川人民出版社

图书在版编目（CIP）数据

愿你不为世界所累，活得更像自己 / 鲁西西著 . —
成都：四川人民出版社，2019.3
ISBN 978-7-220-11226-3

Ⅰ . ①愿… Ⅱ . ①鲁… Ⅲ . ①人生哲学—通俗读物
Ⅳ . ① B821-49

中国版本图书馆 CIP 数据核字（2019）第 019878 号

YUANNIBUWEISHIJIESUOLEI, HUODEGENGXIANGZIJI
愿你不为世界所累，活得更像自己

著　　者	鲁西西
出版策划	李东旭
出版统筹	禹成豪
责任编辑	李真真
装帧制造	木　一

出版发行	四川人民出版社（成都槐树街 2 号）
网　　址	http://www.scpph.com
E － mail	scrmcbs@sina.com
印　　刷	三河市春园印刷有限公司
成品尺寸	146mm×210mm
印　　张	8
字　　数	90 千字
版　　次	2019 年 3 月第 1 版
印　　次	2019 年 3 月第 1 次
书　　号	978-7-220-11226-3
定　　价	42.80 元

CONTENTS / **目 录**

Part 1　虽然30，但仍17

Part 1

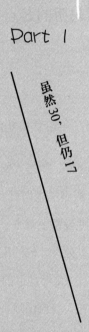

虽然30，但仍17

有自知之明，是一个人聪明的起点

 有个男生，各方面条件都还好，就是人长得有些丑。自从大学毕业，就没交过女朋友。周围的亲朋好友给他介绍对象，每回不是对方看不上他，就是他没看上对方。好不容易有个女生相中了他，别人就建议他先处处看，他的反应就像是有人要把他这朵鲜花硬插在牛粪上，故意侮辱他似的。

 他以为自己条件优越，常在人前自诩帅哥，在择偶上开出远高于自身水准的要求，非白富美不娶。令旁人听了哭笑不得，却又不好意思一巴掌打醒他：你自己长什么样，心里没点儿数吗？

 我曾在一个电视选秀节目中看到一名参加海选的选手，唱得鬼哭狼嚎，引得在场观众哄堂大笑。评委问他：谁叫你来参加海选的？选手回答：我朋友建议我来的。评委说：他不是你朋友，真正的朋友是不会叫你来出丑的。

这两件事让我意识到，其实大多数人并没有想象中那样了解自己。就像有些人看不见自己长得丑，有些人听不出自己五音不全。**我们可能对自身有着各种各样的误读。**

我自己也有类似的经历，有一年我要离开家乡去外地出差半年。我的好朋友来送别，临行的时候她给我一个忠告：以后在外面，你不要太自我了。我听了很惊讶，第一次被好友直言不讳地提醒缺点，我才意识到原来我是那样的人，而此前我竟全然未觉。

有时候我们会高估自己，觉得自己中上之姿、冰雪聪明、人品极佳。

有时候我们又会低估自己，觉得自己平庸无为、面目可憎、一无是处。

一个人聪明的起点，是有自知之明。对自身有正确和客观的评估，在这个基础之上，才能正确看待世界，并在各种选择中做出正确的决定。

那么，我们要怎样认识自己呢？可以试试以下几种方法：

·做一个表格，列出自己平时有哪些兴趣爱好，最喜欢做什么，最喜欢看什么书，最喜欢哪些知名人物，最喜欢说什么话。

·列出自己最不喜欢的事、人物、行为。

·总结一下自己哪些方面常被别人表扬？别人通常会如何表扬你？在哪些方面你常被别人批评？别人通常是怎样批评你的？

·审视一下自己身边的朋友，看看都是些怎样的人。物以类聚，人以群分，我们和要好的朋友之间一定有很多共同和相似之处。

·原生家庭的影响让我们和父母之间可能存在很多相似之处。总结一下你父母的优缺点，思考自己该如何避开同样的缺点。

·也总结一下我们的敌人和对手。因为有句话说得好，看一个人的底牌，就看他的朋友；看一个人的身价，就看他的敌人。我们的敌人都是些什么人，某种程度上，我们就会是什么人。

·参考一下你面试或相亲的成功率，以及对方对你的评价。

·参考别人给你介绍过的那些相亲对象的水准。也许你觉得 Ta 配不上你，但在介绍人眼中，你们是可以配到一块儿的。

·直接问熟悉的朋友自己是个怎样的人。做这样的调查，可能不一定准确。因为问一个懒惰的朋友，他大概会觉得你很勤劳。问一个比较笨的朋友，他会觉得你很聪明。所以，应该尽量选择问那些和自己相对持平的，或者比自己稍微优秀的人，看看你在他们眼中有哪些优点与不足。

· 每个没有借过钱的人都有一种误会，觉得自己人缘很好。这到底是不是真的，你只要向周围的朋友借一次钱就知道了。金钱不仅是对双方友谊的考验，更是对自己身价的考验。能从别人那里借到多少钱，某种程度上取决于别人对你人品、信用、价值、能力的综合评估。

· 以旁观者的视角来看自己，如果你是一个女孩，你可以设想一下：假如自己是一个男人，愿不愿意娶你这样的女人，为什么？假如你是个员工，可以设想一下：如果自己是一个公司的老板，愿不愿意招你这样的员工，为什么？

自从我在网络上写作以来，经常会遇到网友向我咨询感情方面的问题，明明是个人选择的问题，却通过三言两语的描述，来让陌生人帮自己判断。这样的本末倒置，其实是因为太不了解自己。

只有了解自己，我们才能知道，什么对我们来说是最重要的。找到了你最珍视的东西，以此延伸，我们就能知道哪条路最适合自己，需要找什么样的工作，找什么样的人结婚，自己可以努力到什么程度，有哪些弱点和短板。然后才能找到自己找不到好工作，或赚不到钱的原因。

人生三重境界——见自己，见天地，见众生。

你的人生，不应该被别人的批评影响

　　混迹网络这么多年，忽然发现有的人的报复心实在是太强了。有些人，你明明没有对他做过什么，但不知道为什么，他们就深深地恨上了你。

　　比如有一天，我在整理电子邮箱里的私信。因为我的邮箱里每天都会收到十几封、几十封信，所以我常常来不及回复，之后一忙就忘了。因此每隔一段时间，我的邮箱里就会积累下成千上万封未读的信，所以有空我就去清理一下。在清理过程中，觉得有必要回复的就顺便回复一下。

　　其中有一个网友，他第一封私信写得诚恳有礼，说他就职于一家互联网公司，常常看我的文章，希望得到我的联系方式。我就回复了，向他表示感谢，附上联系方式。结果，他再回信过来的时候，却把我骂了一顿：你这么久才回，你这样做有意思吗？我看了之后，连忙道歉：邮箱我不一定每天都看，回复迟了，不好意思，打扰了！

这件事写出来，不是为了指责那个网友。我只是觉得，过于敏感的性格，可能在现实生活中常常会不开心，因为太需要维护自己的自尊，太容易对别人的行为进行过度解读，也太在意别人对自己的看法，很容易导致草木皆兵。因此，也不难理解，对于这样的人来说，对方的没回信或晚回信，也会使他们觉得受到了某种怠慢和侮辱，从而引发愤怒和不快的情绪。

其实这是没有必要的，我也在知乎或公众号里给别人发过消息，别人没回的情况时常发生，但我觉得很正常。

别人没回复，可能只是他的个人原因——太忙或者私信太多。我们没必要多心，脑补别人是不是有意针对自己。因为对方未必有心力去衡量陌生人值不值得认真对待。就算对方确实是有意针对你，故意用这样的态度来让你难受，那你更要表现出不在意，不能让对方得逞。

有一个网友复仇心更重，有一天我在想法中和别人谈论人畜无害的话题，结果他跑来质问我：怎么哪儿哪儿都能看到你，你能不能离我远一点儿？

这个网友我压根就不认识，从来没有和他交流过。不知道他哪儿来的恨意。我没有回复他。另一个网友实在看不下去了，就帮我回了句：你怎么这样，人家哪里招你了。

他说：我就是看她不顺眼，她就是一个写手，她写的故事都是编的。我以后不仅看到她一次"踩"她一次，而且我还要发动我的大学同学一起来"踩"她（赞、踩：论坛上网友对作者文章的一种或赞同或反对的投票方式）。

这叫我哭笑不得，且不说他有没有必要因为自己毫无依据的判断来仇恨我——我也不担心他是否能发动大学同学一起来"踩"我——我只是有些替他的前途担心，一个大学生把所有热情用来关注、抨击网上那些看不顺眼的陌生人，肯定是用错地方了。

大家的时间用在哪里，是能看得见的。网上有个段子：你是砍柴（学习）的，我是放羊（写作）的。你不好好砍柴（学习），一天到晚盯着我放羊（写作）是不是出了什么纰漏。我的羊是吃饱了（我的文章写好了），你的柴呢？

所以那位网友号召同学一起来"踩"我的打击方式效率太低了，你"踩"我的次数再多也拦不住愿意赞我的人。报复我最好的办法是努力学习、赚钱，要是能有一天把网站买下来，对我的文章进行限流，不管发表什么，都只有我自己一个人看到，我才会怕。

不过，一个人的事业能做到那种程度，其眼界和境界早就大不相同，绝对不会惦记着这种鸡毛蒜皮的事。反过来说，喜欢因为鸡毛蒜皮的事和陌生人在网上"大打出手"的人，事业根本不会做到那种程度。

前几天谈到原谅这个话题。我回复网友：我小时候，也常被一些同学欺负、排挤。当时非常难过。但是，长大以后，她们会如何看待这些事，心里会不会有一点儿愧疚，我一点儿也不关心，我的人生需要自己努力，不会因为别人对自己的态度、想法而受到影响。

这种事时过境迁也就算了。不是原谅了，不是看开了，不是放过别人了，而是学会了用自己的方式表达。有时候恨一个人，未尝不是件好事，如果使用得当，它会给你带来能量。有个网友说：高中的时候，人丑，家贫，还不会打扮，向班草告白被他当众拒绝和羞辱。后来她憋着一口气，努力考上名牌大学，毕业后又进了大公司，收入颇丰，学会了化妆和服饰穿搭，逐渐蜕变成一个大美女。后来一次同学聚会上，她看到班草已沦为肠肥脑满的凡夫俗子，想想自己身边每个追求者都比他强上十倍，就觉得很爽！

所以，真正让你云淡风轻的释怀方式，不是你用尽全力去恨他、骂他、打他，去与他互相侮辱和伤害，去和他纠缠。而是你头也不回地大步向前走，有朝一日不经意间回首：你已在云端，他还在地上。

你不可能一直对，也不可能一直错

很多年前，在我们老家，进口柠檬一个卖8元，在一个肉包才5毛钱的年代，这是很贵的价格了。有一天我奢侈了一把，买了一个柠檬。我像吃桔子那样把它剥了皮，但当我把好不容易剥好的一瓣柠檬放入口中后，那强烈的酸涩感把我刺激得面容扭曲。天啊，这么漂亮的水果居然这么难吃，我有一种上当受骗的感觉，当场将手中剩下的柠檬扔进了垃圾桶。

前几年，第一次买牛油果，我在水果店挑选的时候，以为那些看上去绿绿的，捏上去硬梆梆的牛油果是好的，而那些看起来发黑发蔫，捏上去软软的牛油果是坏的。于是我买了好几个绿色的、硬梆梆的牛油果，回家用削皮刀削了半天，当我满怀期待地咬了一口后，心里顿时大失所望：这是什么玩意儿啊，还没地瓜好吃！

　　一个人对事物的判断能力，会受到自身知识、经验和视野的局限。倘若只以自己的角度去理解世间万物，就会产生无数荒谬的误会与偏见。就如从前的我，曾误会柠檬、牛油果都是超级难吃的水果。实质上，不是它们难吃，而是我缺乏对它们的了解，没有掌握正确的食用方法。

　　值得庆幸的是，我并没有停留在自己刻板的印象中。当我学会了如何正确享用一只柠檬——原来它应该被切成漂亮的薄片，泡进水里。当初令我反感的强烈的酸涩味，竟成了它的优点，它能化腐朽为神奇，让一杯平淡无奇的白开水瞬间变得清新、灵动。后来，我也知道了只有等牛油果的外皮变黑、捏起来有点儿软时，才意味着它已经成熟，可供食用了。

　　写到这里，我突然想起我之前的一个室友。她从小就讨厌番茄的味道，任何用番茄烹饪的菜肴，她从来不吃。直到有一天，我在宿舍里将自己洗净的番茄切成片，再撒上了很多白砂糖——生番茄鲜红艳丽，白砂糖似雪，看起来十分可口。她在我的建议下，抱着试试看的态度尝了一片，从此一发不可收拾——那天以后，我们宿舍里每天都弥漫着生番茄的味道。而她每每将盛着番茄拌白糖的盘子，穿过床帘伸出来，建议大家也来几片。从极度厌恶到疯狂喜爱，她好像要把过去十几年没吃的番茄都补回来似的。而我们这些原本不嫌弃番茄的人，后来也无奈地摇摇头，谁能这样天天吃番茄呢。

有时候，我们觉得不喜欢或者厌恶的事物，也许只是我们对它还不够了解。在简单的水果世界里，我们尚且会被自己的感观经验所蒙蔽，更何况是错综复杂的人际关系。我们观察、触摸、品尝，尚不能正确认识一种水果，凭什么就能通过一面之缘、道听途说、网络媒体的文字描述，轻易断定自己足以了解和判断一件事、一个人呢？

我曾在一个网络节目中听到这样一个故事：古时候有个聋子，看别人放鞭炮，看了半天觉得非常不可思议：好好的纸卷，怎么说散就散了呢。

这个故事告诉我们，一个人的感观被屏蔽后，无论他的观察多仔细，都是没有用的。即使功能健全的人，不聋、不哑、不瞎，也常常会觉得别人的言行不可思议，也会发表诸如此类的话：既然没有粥喝，为什么不食肉糜？这源于见识的肤浅和狭窄。这也是为什么人要读万卷书，行万里路。因为只有这样，我们才能养成客观正确的判断能力，以及更广阔的见识。

人生是一场罗生门，一个人的成熟在于他开始知道自己的认知有局限，知道自己看到的、所学的，只不过是冰山一角，应该不断地更新自己所掌握的知识，始终保持自我否定与自我怀疑的能力，随时颠覆自己固有的观念。因为他清楚地知道世界是瞬息万变的，人和人是不同的。就像我们都知道西瓜是圆的，但它并不是宇宙真理，因为一些国家已经能种植出方形的西瓜。

时间有可能改变一切。所以有一天，当有人对我们说苹果是黑色的，即使这种说法与我们的认知和经验背道而驰。我们应该尽量保持敬畏与谦逊，先去思考与求证，而不是不假思索地骂道：你这是胡说八道。

如果一个人总是做这样武断的认定，觉得自己的经验永远是对的——西瓜只能是圆的，成熟的苹果一定是红的。就像一个人主动捂住自己的眼睛和耳朵，那是对无知和愚昧的执着。

虽然30，但仍17

当我决定做自己的微信公众号时，身边有很多人对我说：现在做太迟了，公众号的红利时代已经过去了，很难做起来了。更有人对我说，还是给纸质媒体投稿吧，还稳定一些。

这两年，我身边有很多优秀的纸质媒体作者开通了自己的微信公众号，只有极少部分人一炮而红，大多数人试着更新一段时间后，发现关注人数增长缓慢，就慢慢放弃了。

我也经历过阅读量只有100、80的阶段，经历过每天更新一篇文章，但一个月后阅读量不增反降的阶段。我之所以还在坚持，是因为我一直相信写作对于我是件有意义的事，无须在意那些外在的因素，也从没计划着要把自己的公众号做成"大号"。我只知道我在文档里打下一个字，就有一个字的收获。

哪怕某天公众号这个载体消失了，我也绝不会徒劳无功。

在写作这件事上，我得到的最大收获不在物质上，而在精神上。我通过写作思考过的每一个问题，不仅帮助了我的读者，也让我自己的人生豁然开朗。

其实我不是第一次遭遇这种劝退。很久以前，当我第一次宣布要以写作为职业时，也有很多人告诉我：这是不可能的，这个世界上有多少人能靠写作为生呢？而你又比别人多多少天赋呢？

选择一条不被众人看好的路，注定要承受更多的阻挠、打击。但我并没有听从周围人的建议。如果我拥有一种比别人更独特的性格，那就是比较我行我素，不太容易受外界的影响。现在，我非常庆幸自己有这样的个性，这让我的人生受益匪浅。

前一段时间，我看到多地收费站被撤，那些面临下岗的收费站工作人员跑去向政府抗议，其中有一个女人愤怒地说：我已经36岁了，把青春都献给了这份工作，我现在什么也不会，也学不了东西……

想当初，收费站也是份让很多人羡慕的旱涝保收的工作。我妈妈也幻想过这样安排我的人生，让我去念某个专业，以便毕业后可以凭关系进入某个对口单位，去干一份不用费脑子也能干的工作。

很多人在做一个决定的时候，首先考虑的是外界，而不是自身情况。他们不问自己更擅长什么、喜欢什么，而是反复地去研究外在因素，现在经济不景气，就业率不高，哪个单位更稳定，就想去哪个单位。

其实人生最稳定的因素不是在哪个行业，也不是在哪个单位，而是个人的能力和素养。有的人会问：那我该去做自己喜欢的文字工作呢，还是去做公务员？如果你建议他去做文字工作，他会说：可是文案的收入普遍不高啊。如果你建议他去做公务员，他又会说：可是我的性格不适合做公务员。

随波逐流的结果，是把自己推到进退两难的境地。

其实不管做什么工作都有做得好的和做得差的。如果一定要选择，应该先分析自己的爱好和擅长的东西，再去选择趋势好的行业。

还有人喜欢问：我今年30了，我很想去学××。但是这个年龄去学是不是太晚了？这其实是一种自我设限，你不是真的不能做，而是你在想象你不能做。而这种想象却限制了太多人。人生才走过小半场，这么早就宣布放弃，剩下的人生还有什么快乐可言呢？

每个人都有自己的时区——有的人20岁就当上了CEO，

有的人50岁才能当上。奥巴马55岁时就已经卸任美国总统了，而特朗普70岁才当上总统。

人生不以早晚论成败，为什么要去限制自己的可能性呢？大多数人在三十立业，但并不意味着你四十岁立业就太晚。人均收入和你无关，人均寿命也与你无关。你能赚多少钱，能活多少岁，从来不是由宏观因素所决定的。

全国人均工资三千多，并不意味着你整天躺在床上不去上班也能拿到这么多的工资，只有努力奋斗，你拿到的工资才可能超过这个数字。还有，全国人均年龄是七十多，谁要跟你说，你这个年龄还折腾啥，大多数人都……你不妨回他一句：大多数人都在七十多岁死去，所以你活过这个岁数就不再活下去了吗？

太多人喜欢问别人自己该怎么活，却没有人问自己该什么时候死。既然每个人的寿数都不同，那什么年龄才能学什么、干什么，为什么要千篇一律地向别人看齐呢？

那些大多数人的指标，对于个体而言毫无意义。我们没必要用大多数人的收入界定自己的收入，就像没必要用大多数人的寿命来限定自己的寿命一样。

整天说着国民经济即将崩溃的人，先崩溃的一定是他们自己的经济。活到30岁就把自己当废物看待，肯定不是国家的责任。不要拿外部环境当借口，环境再差也有人过得很好。查理·芒格说：宏观是我们必须接受的，微观是我们能有所作为的。接受自己无法改变的，去做自己能够改变的，这才是生活之道。

日本有个90岁的老奶奶依然每天精心打扮自己，她说：我90岁了，喜欢别人夸我漂亮。还有一个老奶奶，60岁了才开始学习编程，81岁时在苹果公司的ios系统上成功上线了一款游戏的APP。

如果人生一定要寻求参照和榜样，为什么不参考那些活得更精彩的人生呢？

你做过爱自己的事情吗？

在一次讲座上，张小娴对台下的所有观众提了一个问题：这一年快要过去了，你都做了什么来证明你爱自己？台下一个40岁左右的女性站了起来，微笑着说：我今年离婚了。

在大多数人看来，离婚是一种不幸。可对于这位女性朋友来说，离开一个不合适的人，鼓起勇气走向新生活，正是她用来爱自己的方式。

这个故事让我动容。很多时候，一个人对自己的好，其实是不能被外界理解的。生活中常常有这种事发生，小到你妈妈逼你多吃青菜、少吃肉，大到周遭的人认为你需要一份稳定工作，以及应该按部就班地找个年貌相当的人结婚生子……这些世俗觉得好的生活方式，其实并不一定适用于每一个个体。

　　在这种情况下，就会存在三种人：一种是真的适应这种标准化生活的人，他们能按图索骥地过上世俗所谓的美满生活；第二种是并不适应这种生活的人，但是因为现实的压力，被迫遵照这种标准去生活。表面上看，他各方面都不错，但他内心不快乐，他会常常感到困惑，不知道是这种生活方式出了错，还是自己太不知足；第三种人也不适合这样的生活，但他进行了反抗，然后被周遭的人视为叛逆或异类，他也许会在反抗中获得幸福，也许会败得很惨。

　　我想说的是，如果某些生活方式让你觉得不快乐，你的感觉很可能是对的。即使所有人都在说：你该知足啦，别瞎折腾了。你也应该保留质疑的能力。这种能力，就是当所有人都说香菜美味，不喜欢香菜的你也有果断拒绝的能力。

　　很多人不会因为"大多数人喜欢吃香菜，但我不喜欢"而怀疑自己的味蕾。但是我们真的很容易因为身边的朋友都结婚了，而为自己还没有找对象感到不安；很容易因为别人年薪超过五百万，自己月薪不到一万而认定自己是人生的失败者；还会因为大家都生了二胎，开始想自己不生会不会错过什么。

　　在现实生活中，我们习惯于用别人的生活来界定自己的幸福和成败。很少有人能认真坐下来，去考虑自己的主观感受，问问自己想要怎样的生活。

本来你单身一人，觉得自由自在、了无牵挂也没什么不好。一旦你身边的人都认为你的单身是亟待解决的问题，慢慢地你也会觉得自己有问题。你开始为此感到痛苦，不是因为你渴望找个人相处，而是别人认为你很孤独。其实你的痛苦不是事实带来的，而是观念带来的。

还有别人的年薪五百万，那可是人家起早贪黑、马不停蹄地工作换来的，而你明明喜欢过懒散的生活，赚的钱也足够自给自足。但是你想到你们收入上的悬殊差距，就忍不住怀疑自己活着的意义。

看到别人纷纷生二胎，你考虑到别人在这世上拥有的事物又比你多了一件，而不管自己有多少能力去享受这份拥有，不去想自己是不是真心喜欢孩子、有没有时间带孩子，只是觉得不能输。

有多少人不敢直面自己内心的真实需要，因为观念而选择了痛苦地活。

别人都认为你这份工作好，旱涝保收。哪怕你做得度日如年、生不如死，也得继续做下去，不然别人就会说你傻。

人人都有一个家庭，哪怕你的婚姻已经名存实亡，夫妻二人天天吵得鸡飞狗跳，你也不能离婚，不然别人会觉得你很不幸。

……

　　这种活法已经本末倒置了，这么辛苦地生活只是为了让别人觉得你好，有限的生命全在为别人而活。

　　有一些读者喜欢问我一些关于人生选择的问题，比如您觉得我是该考研还是去工作啊？您觉得这两个追求者我是选A还是选B呢？

　　每当面对这种问题，我都会想：你的人生为什么要让一个完全不了解你的人去做决定呢？只有自己才真正了解自己。所以，每次我都会建议他们抛硬币。

　　很多人喜欢让别人替自己做决定，是因为他们对世界和自身缺乏认识，没有勇气与那些已有的观念抗衡。

　　事实上，各种形式的生活方式是没有对错之分的。如果一定要有，那评判的标准也不是你拥有了多少，以及别人认为你过得好不好，而是你心里到底快不快乐。一个快乐的农民和一个患抑郁症的明星，谁的人生更好呢？在我看来，当然是前者。

　　至于怎样才能活得更快乐，这个只能自己问自己，别人的经验无法帮到你。人生只有一次，每个人都应该多尝试和体验，找到适合自己的生活，按照自己的真实感受去选择，才是爱自己的最好方式。

　　在这个忙碌而琐碎的世界上，我们都需要停下来问自己这样一个问题：**你都做了什么来证明你爱自己？**

有些岁月，只能靠你自己熬过

　　我经常被人问：如何提升写作能力？我对提问的人说，这个问题就好像一个人在问：我该如何才能中彩票？至少你要先买张彩票啊！

　　提升写作能力的前提是你要写出来。所以我对提这种问题的朋友的回答是：你先写100篇文章再说。

　　但这并不是说只要你写完100篇文章，就一定能成为作家，能赚到钱。先写100篇文章对一个写作者来说是一个必要的初级门槛，它可以拦住那些想要在写作这个职业上投机取巧的人。

　　会有很大一部分人觉得：妈呀，居然要先写这么多，那我还是算了……然而，在漫漫写作之路上，写100篇文章真的不过是个小目标。我看了一下我在网络上发表的文章，有将近1000篇。前几天看电影《老炮儿》的编剧接受采访，他说，自己写这个电影的剧本之前已经写过600万字的剧本了。

有些职业真的没有捷径。可能你在写这100篇、1000篇，甚至600万字的过程中，既不能得到任何报酬，也没有人为你喝彩，还完全看不到成功的希望……熬出来的只是少数，大多数早就知难而退了。

所以，我判断一个人适不适合走这条路，并不取决于他一开始的水平如何、天赋够不够高，而在于他能承受多少次失败，他愿意给自己多少垫伏的时间。连作家贾平凹在写作初期也被退稿过一百多次。很多人只看到贼吃肉，却没看到贼挨打。

在你决定要写作之前，不妨先问问自己。你能够忍受贫穷和寂寞吗？你能接受付出大于回报吗？你愿意花大把的时间去写没有报酬的文字吗？

因此，对于那些怀着靠写作一夜成名、发大财的想法的人，我都是采取劝退的态度。

写作能力一定要靠日久天长的积累，就像再优秀的拳击手，也必须一拳一拳地练习挨打。我曾经看过一个著名拳击教练的采访，那个拳击教练说，一个优秀的拳击手每次去挑选其他拳击手的时候，不是先看对方的技术动作，而是考虑自己能够否扛得住对方的击打。因为一个拳击手要想成为拳击冠军，首先必须要经得起打。有的人技术好，但这种人只有在占绝对优势的时候才能取胜。可是，你怎么能保证你永远占优势呢？再说，即使你占着优势，但是偶尔被人家偷袭得手也是有可能的吧？如果抗击打能力太差，你打人家十拳，人家每次都站起来了，人家打你一拳，你就趴下了，你说最后的胜利属于谁？

　　这个拳击教练还有一个理由：技术动作是可以训练的，而抗击打能力很多时候与一个人的心理素质、身体素质以及个人意志密切相关。所以，他愿意从一开始就挑选那些抗击打能力强的选手加以训练，这样容易出成绩。

　　其实很多行业也是一样，一个生意人能不能取得最后的成功，不取决于他某次赚到大钱时的表现，而在于他面对困境和失败时的态度——他是否能在破产、身败名裂之后，仍然百折不挠，保持追求成功的斗志与激情。

　　不是困难和挫折能带来成功，而是成功的路上没有人能避开所有的困难和挫折，成功也许充满偶然，但一定与每个人面对困难和挫折的态度密切相关。

　　在现实生活中，我们就像在一个擂台上进行拳击比赛，有些人怕挨打，直接就躺下了；有些人虽然一开始占尽优势，却在被打倒后一蹶不振；有些人虽然常常处于下风，但是却能后发制人。只有那些被打趴下，仍然会一次次努力站起来的人，才是生活的强者。

在人生的拳击台上，靠的不仅仅是运气、天赋，还有韧性、坚持、毅力。一个优秀的拳击手之所以优秀，不是因为他总能打倒对手，而是因为他在被打倒，甚至被打得半死不活后，仍能咬牙站起来、全力以赴地战斗下去。

你必须要熬过那看不到希望，甚至被人喝倒彩的时光，才能够成为最后的赢家。

在乏味的工作中发现存在的意义

　　我初一那年暑假去茶叶厂当"童工"（茶叶厂是一个亲戚开的，所以也可以说是去帮忙）。整个暑假没有休一天假，可怜我辛辛苦苦赚的工资，在自己手里还没捂热，就被我妈骗走了，她说：我先帮你保管着！

　　第二年，我好了伤疤忘了疼，又去那个茶叶厂当童工。整个暑假又一天也没有休息，可怜我辛辛苦苦赚的血汗钱，在自己手里还没捂热，又被我妈骗走了，她说：我帮你保管！

　　第三年，我好了伤疤忘了疼……

　　茶叶厂的工作枯燥乏味，就是负责将茶叶里的梗捡干净。比如每捡光一斤茶叶的梗，就可以获得一块钱。每个人每次领五斤茶叶，挑干净交差后会得到一张票据，然后再去领五斤继续捡。

　　和我一起工作的，是与我年纪相仿的孩子，以及一些家庭主妇、老年人。大家表面上云淡风轻，实则暗中较量，互相打探对方当天捡了多少斤，这个月一共捡了多少。就是这样一个工作，我每天早早地站在工厂门口等待开门，以便第一时间冲进去干活，而下班会坚持工作到负责锁门的人一催再催才肯走。

　　那时候，我十三四岁，并没有人要求我去工作，我家也没穷到需要我这个未成年人去赚钱的地步。是什么让一个孩子对这样一份无聊的工作乐此不疲？

　　我想了一下，大概是因为它第一次让我体验到，仅凭一个人的努力就能够完全控制一件事的成败与走向。只要我每天上工，就一定能获得票据。只要我加快速度，就可以打败其他人。它带给我的乐趣，不只是钱，还有成就感。

　　所以一份工作最大的无趣，并不在于它是否重复、是否单调、是否繁重，而是在于你心里无比确定，无论你付出怎样的努力，结果都会是一样的——它既改变不了别人，也改变不了自己，你所做的一切都毫无意义。当一个人如此看待自己所从事的工作时，那份工作必然是无趣的。

　　我有个同学告诉我，她的老师曾对她说：如果你不能选择自己喜欢的工作，那就去喜欢自己的选择。我非常认同这句话，因为我知道，即使理想的工作也有它无趣的部分，一份无趣的工作也必定有它闪光的地方，这个世界上，很多人是没有工作选择权的，但是他们可以选择对待自己工作的态度。这很重要。

工作的快乐有很多种，不是只有从事理想的工作才有快乐。喜欢工作的过程是一种，喜欢工作的结果是一种，喜欢工作的意义也是一种。比如你可能不喜欢销售但却喜欢通过销售赚来的钱；比如你不喜欢脏活、累活，但却喜欢做志愿者的自豪感……

那么我们如何通过一份枯燥乏味的工作，获得乐趣呢？

· 在无聊的工作中找到一点儿竞争感。

有时候，我会独自走很远的路，走到疲累的时候，我会在心里给自己找点儿乐趣。我对自己说：我一定要超过前面那个穿绿衣服的女人。等我超过她的时候，我会有种成就感。

然后，我马上找到下一个目标：我要超过前面那个穿黄衣服的男人，等我超过他的时候，我又感觉到一种快乐……在我一次一次超越的过程中，我不知不觉就抵达了目的地。如果我一开始就想着目的地，想到它那么远，心理压力会让我觉得寂寞难熬。

面对工作也是这样。我开始做自己的微信公众号时，目标只是为了让自己的关注数量超过一个朋友，如今我已做到。如果我一开始就想着要做成关注人数过百万的公众号，可能早就放弃了。

所以，面对无聊难熬的工作，要给它找一点儿游戏的竞争感，让工作的过程感觉像是在升级打怪，通过小小的胜利来获得乐趣。

· 赋予工作更高级的意义。

工作是一种信仰，只有相信自己的工作很有意义、很有价值，在面对各种困难、挫折的时候，我们才会不假思索地坚持下去。

比如我吧，我偶尔也会怀疑自己写作的意义。呕心沥血地写，辛辛苦苦地整理、校对、修改，但有时候出一本书赚的报酬还不如去肯德基做钟点工。

但是，每次我怀疑自己所做的一切是否有意义时，我就这么"忽悠"自己——我永远记得林清玄先生在厦大演讲时说过的一句话，他说：中国有一个伟大的文学传统，就是所有文学作品都是在安慰现实中遭遇痛苦的人。

所以，即使知道出书又辛苦又累，还难以发财，我还是心甘情愿地坚持着，因为我相信自己做的事是有价值的，即使我永远无法写出伟大的作品，我写的文章也不能令我功成名就，只要它曾激励和改变过一个人，让一个痛苦的人获得过安慰和快乐，我的工作就有意义。

·自己给自己设置奖惩措施。

有一次，我跟我的编辑讲：我已经心灰意懒，不想再写了。他说，不写完一篇就不能吃饭，直到写出来为止。我顿时觉得这是个好主意。

当我刚开始做自己的微信公众号时，有一段时间我给自己定了一个规矩：每个月收到网友多少钱的打赏，我下个月的午饭就吃多少钱。于是我每天中午吃粥还是吃肉就取决于公众号文章的更新频率和质量，以及各位读者的慷慨程度。

还有一段时间，我与文友约定，我们必须每天至少写1000字，谁没有做到，就付对方一百块钱。

还有一次，又有人问我：我写不出来怎么办？我告诉他：你不要在家里写，你得去咖啡馆写，你喝一杯几十块的咖啡，再吃一块几十块的蛋糕。你肯定不好意思一个字都没写就买单出来，那样你会对你消费的咖啡和甜品产生愧疚感。

同理，我最近给自己买了一台有些昂贵但超级好用的电脑。所以，什么也不用说，先把买电脑的钱写出来再说吧。

·将重要的事、喜欢的人和工作联系在一起。

对于我周围失恋的朋友，我常常这样安慰她们：你花那么多精力去讨好、挽回，用那么多时间去伤心，还不如化悲痛为力量，好好工作，让自己变得强大、美好，这样做比做那些无用功更有用，让他回来的概率也更高。

当然，我心里并不认为一个人不爱你，把工作做好了，他就一定会回心转意。但是我知道，相信我这套话的人，将来都不会后悔。

厌弃此刻的生活，那一定要好好工作。拥有强大的能力，才拥有人生的选择权，才能掌控自己的快乐。

我们要习惯这样的思维方式。虽然功利，但是有效。因为你要相信这个世界上百分之八十的烦恼都是通过努力就可以解决的。

·抛开完美主义，用自己的方式考核自己。

我曾经说过，我心情最好的时刻是当我写出新文章的时候。即使将它发到公众号上会"掉粉"，甚至被读者"吐槽"写得差，都不会影响我的心情。

因为我对自己的工作有自己的考核标准。一直以来，我都把对自己的考核标准设得很低，我一直觉得我只要写出来就是胜利！如果不是这样，我恐怕没办法坚持写到现在。我那个既难赚钱又难吸粉的公众号能一直保持更新，也是因为我这个很低的考核标准。

我知道现实中很多人在工作里也会遇到和我一样的状况，就是你尝试对工作付出巨大努力，却很长时间看不到成效和变化。明明尽力了，工作却不见起色，更没有人表扬你，给你升职加薪。这时候如何维持自己的热情和坚持？就是像我这样，为自己换一种考核方式。

我相信看不到的成就不一定是没有成就，看不到的变化不一定是没有变化。在文档里打出的每个字，都是自己的文字长城里堆积的一粒小沙子。写的字总会越来越多，自己总会越写越好。总有一天，会让那些急功近利，不愿做无用功，情愿站在原地什么也不做的人大吃一惊。

一步一步地坚持，一点一点地改变，任何工作都需要一点儿愚公移山的精神。

Part 2

人生不应只有因为所以，
还要有即使仍然

尽量选择一份乘法式的工作

我有一个朋友，毕业于名校。

某年他参加家族聚会，他的表弟凑过来向他打听：你现在一个月赚多少啊？

他的表弟和他年龄相仿，打小两个人的各方面都会被长辈们拿来比较。因此朋友特意报了一个低调的数字。做理发师的表弟闻言，愉快地表示失望：赚的也就和我差不多嘛！

想必这位表弟回去，大概要奔走相告：我表哥花那么多钱念硕士，毕业后的工资和我的差不多，你们说读书有什么用呢？

这种事，相信很多高学历的人都曾遇到过。

对于这种情况，我觉得人各有志，面对那种只能用钱来衡量一切的人，没什么好争论的。

然而，我发现很多刚刚大学毕业的小伙伴，真的会因为自己目前赚的不如没上过大学的人，就开始怀疑读书的意义。

最近我听说正念中学的一个小亲戚，已经开始厌学。只因为有人对他说：读书没有用。

这真的是个天大的误会，我想和大家深入地讨论一下这个问题。

财经作家玮玮说：不要被高收入迷惑，很多人的高收入并不是由高价值的劳动带来的。他们的高收入背后，是高付出、高风险、高折旧，很多人是拿命在换钱。

举个极端点儿的例子，火葬场的背尸工，收入确实挺高，但是一般人不会想去做这样的工作，原因不言而喻。但是很多高薪工作，并不像背尸工那么明显地能判断出是否是低价值劳动。

比如理发师。我以前看过一篇文章，作者拿理发学徒举例子。他说，为什么理发店的学徒每天要负责洗头、吹头发、打扫卫生，工作那么饱和、辛苦，工资却明显不如工作更轻松的服务员？

因为服务员劳动的回报只有一份工资。理发店学徒的劳动回报却有两份，一份是工资，一份被换成了学习机会。因为理发店学徒这份工作除了提供工资外，还提供成长空间，虽然眼下的工资比服务员低，但是一旦学成出师，有机会从学徒晋升为理发师、总监、高级总监。未来的工资不是一个工作好几年的服务员所能比的。

作者将一份工作加入个人成长的考量是对的，但是他却忽略了一点。高级理发师的高薪里，不仅仅包含劳动、技能的价值，还包含健康价格。

曾经有个同事想出国，我问他去国外想从事什么职业？他说理发吧，因为他要去的那个国家的人很少愿意从事理发行业，理发行业基本是被移民垄断了。医学上，理发师是属于职业暴露工种，需要长期接触染发剂等A级致癌物，理发师本人及子女的患病概率要远高于普通人。

如果不具备一定的知识，我们就很难多纬度地去判断一份工作的好坏和价值。有很多小伙伴在找工作的时候，最关心的是工资的具体数字。数字高的，就认为这份工作好；数字低的，就认为这份工作差。

这其实陷入了一种视角盲点。一份工作其实能给你提供金钱回报、社会地位、情绪价值、学习机会、成长空间、人脉累积等多方面的价值。

我刚开始从事媒体工作的时候，微薄的工资也曾被一位开店的中学同学鄙视过。她月薪上万，我什么都加起来也只有3000块。

然而就像书里所说的那样，从事新闻行业的优点是能够接触各种行业、人群，以及陌生的领域。即使年纪轻轻，没什么社会地位，也有机会从全社会的视角来思考问题。只要刻意锻炼，很容易养成较开阔的格局和见识。

事实也是如此，因为这份工作，我有机会参加各种各样的活动，和一些优秀企业、政务人士交流，有更广阔的视野。我的工作也带来了很多新鲜的体验，比如看演唱会，高薪人士只能靠花钱买个VIP的座位，而我们却经常有机会和各种明星近距离接触。

有一次我去参加一个活动，在酒店走廊遇到了一个女团成员，她热情地向我致意：××老师，您好。我过了好一会儿才反应过来，因为她看到了我挂的胸牌。

即使是收入低、地位不高的职场新人，也会因为工作性质的原因参加经济论坛、电影节，住客户安排的各种五星级酒店，经常与那些优秀的企业、政务人士交流，这是那些月入1W以上的高薪工作不一定能体验到的。

这些丰富的体验，后来也成了我源源不断的写作素材。

讲这些似乎有点儿肤浅，我只是想说明一点，有些工作工资3000元，其实大于3000元；有些工作工资超过10000元，但它的价值也可能小于10000元。

那么，我们在日常生活中该怎样辨识一份工作是高价值劳动还是低价值劳动呢？其实每个人都有自己不同的追求，有的人喜欢稳定、轻松，有的人喜欢挑战、刺激。不管怎样选择，健康和职业发展的可持续性，是两个很难绕过去的考核因素。

比如某些职业收入很高，但是它是吃青春饭的。有些外企、互联网的精英，到35岁以后，可能要面临裁员或转型的问题。所以，这类高薪人士，在积蓄和技能方面应早做准备，避免出现新闻里那样的因被辞退而跳楼的悲剧。

某一段时间，我身边有人想加盟微商，卖那种烂大街的超市产品。我果断地阻止了她，我说如果你卖的产品没有价格优势和充足且稳定的货源，即使有人购买你的产品，你卖掉的也不仅仅是商品，还有人情。和你赚的钱相比，得不偿失。你期望通过一个门槛和成本都极低的方式发财，是很愚蠢的。

但是，同样是利用微信，去做门槛极低、失败率又极高的公众号，我却是身体力行。

因为，大多数朋友圈的微商模式，是在用加法赚钱——今天卖一样东西，会有一份报酬。明天卖一样东西，才会有第二份报酬。每一次，都要自己谈价格，打包，寄出，才能赚到一笔钱。假设每单赚20块，20+20+20+20……这种赚钱方式是有天花板的。

而写公众号，是用乘法赚钱。比如，我写公众号到现在，写文章的变现模式已经裂变为N种：一是流量主，二是打赏，三是广告，四是结集出版，五是转载收入。此外，还可以通过在文中推荐书籍、电影的方式获得分成，甚至还有些公众号会通过开培训班的方式变现。有朋友问我往哪里投稿，我现在不投稿的，熟悉的编辑，每个月会上我的公众号寻找适合的稿件，隔月打一笔稿费过来。

所以，做公众号的赚钱模式是乘法式的——它的报酬不是一次性的。可能每次劳动都有机会获得N种发酵式的回报。

举个例子，拙作《你只是不会表达》，这半年都会收到重印的版税。

这相当于一个资产收益。当作者写出一部好作品，就相当于创造出了一个优质的资产，靠它就可以有连续不断的收入。虽然卖掉几本书，我的收益不会太高，但重要的是我不必逐笔去卖。有当当、京东、天猫、新华书店等渠道在替我赚钱，我这份劳动的收益是基数乘以N的。许多工作做到某个阶段，就会出现乘法效应。

当然，这需要一个前提——我们的基数要大于0，但这需要一个过程，有时甚至是个长时间的积累过程。因此，很多人放弃积累他们的基数，情愿去选择那种靠加法赚钱的工作。这其实是很没远见的行为。

我在经营公众号的时候，经过了一个长时间的积累过程，就这样无偿地写了很长一段时间，我才把我公众号的基数从0变成了1。

并不是说不读书就赚不到钱。但不读书的人的选择机会很有限，他们迫于生活压力急需变现，不得不去做加法式的工作，比如10块10块地搬砖，一家一家地送餐。而大多数乘法式的工作，需要更深入的知识和技能，或者持有更多的时间和金钱成本。

这个世界上，比我们聪明或努力的人，其实并不比我们聪明或努力多少。因为每个人的时间是固定的，我们工作8小时，勤劳的人最多工作18个小时。我们智商大多在100上下，聪明的人智商最高也只能是300。

但为什么他们的收入却远高于我们呢？很简单，因为他们选了一份乘法式的工作。

这世界上的所有失败都有意义

有一天，看到一个朋友在朋友圈晒了一张图，照片里有一本书叫《希拉里：为总统而生》，朋友对这张照片只评论了两个字：打脸。

我明白她的意思，打脸这个词在现在的网络上大概是"事实与自己先前吹嘘的不同，相当于丢脸"的意思。希拉里当初在竞选总统时，曾那么高调，每次出现都一副志在必得、舍我其谁的姿态。当她竞选失败之后，曾经的踌躇满志成了一个笑话。当初有多张扬，收场就多凄凉。

逢人只说三分话，这几乎是国人的社交共识。比如我们去参加一个比赛，即使心里有很大的胜算，表面也要不动声色。遇到别人问，你准备得怎么样啦？多半只会说：还行吧！谁要暴露出"我势必会拿第一"的心里话，多半不会赢得周围人的赞许，大家只会觉得这家伙太张狂了，靠不住。

直到出现柯洁这样的异类。在李世石与阿法狗的世纪之战后，柯洁曾放出狂言：就算阿法狗战胜了李世石，也赢不了我。一年后，柯洁最终也以0：3的比分输给了阿法狗，在全世界人民面前惨败。按照"打脸说"，这个不知天高地厚的小子，应该是丢人丢到国外去了吧？然而，在挑战阿法狗之前，柯洁的微博关注数量只有1万，但是当他输给阿法狗的时候，他赢得了350万关注量。他曾经在业内赢过那么多场比赛，甚至一度排名世界第一，但并没有多少人记住他。一场高调的失败，却让全世界认识了这位年轻的中国棋手。所以柯洁输了吗？并没有。他是代表人类向机器人发起挑战，竭尽所能，虽败犹荣。

从这个角度看，希拉里也并没输。她虽然没有当上总统，但她的失败注定会被载入美国史册。而这种失败本身，对她个人也有非凡的意义。她不再泯然众人，她曾代表美国女性，去参与全美最高权力的竞争，虽败犹荣。

不仅是柯洁、希拉里，**这世界上的所有失败都有意义**。做过的人即使失败了，也远远胜过那些因为畏惧失败而拒绝做任何努力和尝试，只是站在旁边看着别人，等别人失败后便上前奚落、挖苦的人。

那些人只会说：看看，我早说他不行吧！哈哈，这下丢脸丢大了吧。谁这么迟才开始做电商，真傻！就他那样还想当作家？真是痴人说梦……像这样围观和评价别人很容易。而那些明明知道可能失败、可能会被别人笑话，却仍然付诸行动的人，才是真正的勇士。也是这样的行动派在推动着社会的发展和人类的进步。

想想我们自己，往往因为害怕被打脸而变成生活的懦夫。不敢坚持自己的主张，不敢谈论梦想，不敢公开具体的目标，不敢秀恩爱。永远给自己留有余地，总为失败留有很大空间，就是为了防止有朝一日会沦为他人的笑柄。

有些人活得真的很谨慎，他们一生都不会被别人嘲笑，因为他们一生什么都没有做——不做就不会错。所以他们反过来热衷于对做了很多事的人指手划脚。这两种人，谁更应该受鄙视呢？

记得有一次我去参加一家韩国企业的新闻发布会，这场发布会给我印象最深的是他们拥有某种我所不具备的勇敢。比如他们很认真地说：到2018年，我们的产品销量要达到×××××台（具体到个位数）。我们的企业要从行业第×名，升到行业第×名。要从世界500强的第××名升到第

××名。到2020年，我们的产品销量要达到×××××××
台（仍然具体到个位数）……这段话在宣传手册里提到，在企
业宣传视频里提到，领导演讲时提到，整场发布会下来，连我
这个外行都记住了这组数字，更别提那些这个行业的从业者
了——谎言被重复一千遍就会成为真理。

这场发布会触动了我。这家企业的老板肯定不是神算子，
面对瞬息万变的市场，谁也不敢保证自己一定能完成那些宏大
的目标。然而，他们却勇于把未来并不一定有把握的事这么郑
重其事地向所有人宣布。我完全不觉得他们在吹牛或忽悠，反
而感受到一种既积极乐观又勇于承担的企业精神。

在很多企业的发布会上，我常常会听到一些模糊又空洞的
词语。动不动就是成就卓越啊，创造一流啊，等等，却轻易不
敢提具体数字，我觉得那更像吹牛。

一个敢于提出明确而具体的目标，并认真付诸实际行动去
执行的人或企业，不管最终是成功还是失败，都值得尊敬。

高调做事，会产生很多积极的意义。一方面是在向外界表
达自信，如果你自己都不相信自己能做成一件事，如何让别
人相信你？另一方面也是置之死地而后生，对自身形成一种鞭
策，既然我的话已经放出来，也只能全力以赴了。

这么高调，唯一的后遗症就是失败了会被很多人笑。然

而，被别人笑有那么可怕吗？会比一事无成更可怕吗？如果因为怕别人嘲笑而什么都不敢做，才是人生最大的输家。想要得到什么，就要大声宣布，然后全力以赴，哪怕有一天真的失败了，让别人笑一笑就是了，有什么可怕的呢？

在骂声中成长

自从在网络上写文章以来，我发现了一个很有意思的现象：那就是不管我写哪种主题的文章，也不管我写得多么认真，措辞多么温柔，观点多么面面俱到，内容多么人畜无害，最后总有几个网友殊途同归地跳出来指着我骂。

我以前在传统媒体写文章，和读者是从来不打照面的，所以他们看了我印在各种报刊书籍上的"胡说八道"后，究竟如何腹诽我，我一律接收不到。而有机会当面告诉我感受的那帮人，大多只会赞美我：西西老师，我真的好喜欢你的文章，你写得太棒了。有些杂志投稿量较少，导致某些编辑一看见我就热情得像某些服务行业的从业者，隔三岔五就打个电话过来：亲爱的，你什么时候给我来稿啊？

这些都使我自我感觉特别良好，觉得写一篇好文章是分分钟的事，自己很快就能比肩亦舒师太了。

虽说靠着那些微薄的稿费，永远发不了财。但至少我的自尊心被编辑和读者呵护得很好，写了这么多年还没有看过谁的臭脸。所以刚开始在网上听到一两句重话时，我的玻璃心就碎了，觉得很委屈。我做错了什么？就因为我没有写出《战争与和平》这种水平的作品免费贴在网上，某些人就觉得被我侮辱和冒犯了吗？

随便写个故事，动不动就有人冷笑地冒一句：呵呵，写得真烂，故事会水平；呵呵，令人作呕，知音体。我听了大吃一惊。这些网友真是火眼金睛，连我以前写过《知音》《故事会》这么隐秘的往事都能一眼看出来。可是《知音》《故事会》的稿费很高好吗？怎么说得好像谁写了《知音》《故事会》水平的文章，就该被抓去枪毙似的。我写不好被人骂也就算了，连累了"老东家"总让我感觉很不安。

不过，人是会成长的，被骂多了我也就云淡风轻了。因为我渐渐明白了一件事，有的网友虽然骂得凶，但并不意味着他们真的恨我。只不过苛刻而严厉地指出一个作者文章、人品或其他方面的不足，会给他们带来快乐，这会让他们有一种人生赢家的幻觉。

　　当我明白这些网友的心理后，我就不那么玻璃心了。有时候还担心自己的文章写得太完美，满足不了某些人通过批评别人成为人生赢家的心理需求，煞费苦心地在文章里弄几个明知故犯的错别字。然后看到一些人在评论区心满意足地发表高见：就你这错别字，你也配当作者呀；就冲你犯这种低级错误，你的文章都是垃圾啊。

　　看到他们口风如此一致，我就觉得这是一种双赢。倘若没有错别字，他们只能更辛苦地去找我文章中别的毛病，万一在意见分歧的过程中"连累"到我妈、我的整个家族，那就不好了。"陷害"一下我的语文老师，反而是两害相权取其轻——留几个错别字，骂和被骂的双方都轻松点儿。

　　被骂多了，我也慢慢地总结出了在网上写文章时的某种生存技能——就是别老等着别人来"黑"你，要趁别人还没动手，自己先下手为强。所以我时不时自曝一下：俺既穷又惨，还脸大胸小……这样那些本来想骂我的人看了就会很高兴，从我悲惨的人生里体味自己的优越感，不再落井下石，我也好蒙混过关。

　　自己往自己身上插刀子比别人往自己身上插刀子强的是，自己插得虽然也很疼，但永远会避开要害。比如我就从来不说自己长得丑，反正穷还可找机会致富，脸大可以少吃两顿，胸小穿上衣服谁看得出来啊⋯⋯

即使这样谨小慎微，但常在河边走，难免要湿鞋。有一次，有个女网友说她男朋友以分手来逼她减肥，问大家她该不该减肥？我就回答了几句：如果肥胖会影响你的美貌和健康，不管要不要和这个男朋友分手，你都应该减肥。

不料，这番话就惹得一群可能很胖但又不想减肥的姐妹们生气了。那个问题下，至少有一百个人扑上来骂我，我受到了自上网以来最激烈的攻击。

我当时做了两个反应，首先对这个答题匿了名，其次在答题下方链接了我的署名文章。然后骂我的网友看到了，嘲笑道：哈哈，鲁西西好白痴哦，心虚地先把答题匿名，又在下面署名，这是掩耳盗铃吗？

我认真地告诉她：我之所以匿名，是不想让喜欢我的读者看见我被这么多人骂，不希望他们为我感到难过或做出过激反应，去做和你们互骂这种既不理智又浪费时间的事情。而我之所以在文章下面署名，是因为我要让你们知道这篇文章就是我写的，我可以为我的言论负责，我不在乎你们怎么骂我。

为未来修一条偷懒的管道

　　我是一个很懒的人。前一阵子，我搬过一次家。把一堆杂七杂八的东西，从一套房子运到另一套房子，这项工作搬家公司可以代劳。但是搬到新家后的整理归纳，却让我无比绝望。每天看着台风过境一般的房间，叫我看再多的鸡汤书，也无法振作起来去大力收拾一番。

　　我想了一个偷懒的办法，准备花几百块请那个擅长收纳的同事帮我整理一下。但是因为那个同事刚生完孩子，自己也很忙，所以我只好请了一个钟点工。钟点工收拾房间比我利索多了，三下五除二就完成了我家的"灾后重建"工作。其实我周末也是有时间的，自己收拾一下也顶多花一天时间，但是我就想躺在床上，舒服一秒是一秒。

　　还有，我在网上买东西，从来不写评论。不幸买到不满意的东西，如果它比运费便宜就扔了，如果比较贵就退了。即使有好评返现，我也无动于衷。前一段时间在京东买了一个手机，好评返现高达10块，我也嫌麻烦没去写。

　　自己的新书出版以后，很多网友私信我有没有签名书卖，其实我家里是有一些书的，但是由于本人太懒：懒得去一本一本地签名，也懒得去填快递单，所以只好回复说没有签名版。

　　我只有在一部分工作中会表现勤劳，有一次，我接了一个约稿，客户说明天中午你交一个几百字的大纲。因为周末时间比较充裕，所以我早上直接把完整的内容写出来发给了他。而且是双份，两篇2000字的文章。我对他说，你可以在两篇中挑一篇你满意的。对于喜欢的工作，又在自己能力范围内的，我从不怕吃亏，也不惜力气。

　　这截然相反的情况，可能会让大家觉得奇怪，为什么我面对不同的劳动，表现得如此"人格分裂"？其实说到底，还是因为我太懒——我觉得有限的勤劳要放在更有价值的事情上。我有没有热情去完成一件事，是有自己的取舍的，而取舍的标准就是这个劳动是否是可持续性的，是否可以带来长远的利益。

　　那么，哪些事是可持续性的，可以带来长远利益的呢？

　　记得有个故事：从前山上有个村子，村子里没有水，家家户户靠下山挑水喝。每户人家每天要挑两担水才能满足生活需求。所以全村的人都做同样的事：每天挑两担水。唯独有一家和别人不同，他们家除了挑两担水，还每天砍竹子，然后用这些竹子做管道，接个管道到山下。所以别人挑完水后就可以开心地玩，这家人却总是忙着疏通竹子。别人笑话他们：这么累干吗，又不是没水喝，每天只要挑两担就行了，我们过得多轻松、多开心啊。

两年后，这户人家终于把管道修好了，他们一家从此再也不用下山挑水了。这下就轮到他们一家轻松、开心地看别人辛苦地天天挑水了。

到底是谁更辛苦呢？是比别人多干两年活儿，修好一条管道，从此不需要挑水的人？还是一辈子每天只挑两担水的人？

讲这个故事，是因为我觉得很多人对于努力有很大的误会：他们觉得，我就喜欢轻松的生活，这是我个人选择，你们不应该把努力强加于我。然而，穷人和富人之间最根本的差距，不是勤不勤劳、努不努力，而是眼界。努力的人并不是天生勤劳。可能他们比别人更想偷懒，只因为他们能想得更远，明白努力其实是件最划算的事，就像那个故事中说的，挑水之外，额外付出劳动修一条管道，以后就不用像别人那样天天挑水了。因为，比今天挑水更有价值的工作是为明天修一条管道。

前一段时间，我们公司的总经理和我谈工作的时候，提到策划部人手短缺忙不过来，问我能不能利用空余时间过去支援一下，报酬上不会亏待。我当时笑了笑，不置可否。

后来他隔三岔五地提起这茬儿。我只好告诉他：以我们公司的薪酬标准是请不起我写东西的。当然，我没有说得这么粗暴，我很委婉地跟他讲：咱们公司请我写东西的性价比很低，如果那些客户能满足于现有策划部的同事写的稿子，根本没必要让我写呀，因为外面给我的价格太离谱了。

然后他好奇地问：那别人找你写要多少钱？我讲了一个价格。他很吃惊。

我平时也经常会跟公司策划部的同事打交道，他们工作很辛苦，每天要写的东西很多。曾经，我的能力和报酬与他们是差不多的。我和他们唯一的区别是，他们每天写完要写的东西以后，就很开心地去玩了。而我每天的工作完成后，在业余的时间里，我还坚持去看大量的书，坚持去写很多无法马上变现的文字。

我曾经所做的那些努力，不过是为今天的我修了一条无形的管道，提高了自己的劳动效率和价值。让我现在写一个约稿（可能是一个上午的工作量）的价格就超过了一个策划部同事半个月或一个月的收入。

每当看到那些辛苦工作，但收入很低的人，我内心涌现的不是优越感，而是惋惜。因为我也做过辛苦且低收入的工作，很多人为什么不明白只要稍微比别人多付出一点点，就可以改变现状呢。（对不起，不想在这自吹自擂，只是没找到更好的例子。）

我现在之所以愿意继续努力，不过是想为未来的自己再修一条更好、更便捷的管道。其实努力不是要让自己过得比别人累，而是用短期的累换取长期的轻松。

收拾衣柜，好评返现，一本一本地寄书卖，这些事对我而言就像挑水，我不喜欢。但只有拥有了管道的人，才拥有了不再挑水的权力。可能有人说：我情愿一生挑水。可是当你年老体衰，即使你愿意，雇主也未必愿意找你挑水啊，因为他们有更年轻力壮的选择。

也许你目前不可避免地要用挑水来维持生活，但也一定要腾出时间为未来修一条管道。无论是从性价比的角度还是从保障自己一直有水喝的角度，这都是最好的选择。

你要学会拆解你的梦想

人类能不能到火星上居住？如果把这个问题拿去问一个普通人，得到的答案应该是不可能。然而，Space X 的创始人埃隆·马斯克却非常认真地研究过这个问题，他将人类移民火星会遇到的各种困难和障碍罗列出来，并一一提出了解决方案。

太空运输的成本巨大。埃隆·马斯克提出的解决方案是制造出像飞机一样的能重复使用的火箭和飞船，从而降低人类进入太空的成本。

飞船的燃料到不了火星那么远。他想到的解决方案是利用货运飞船飞往太空，在中途对客运飞船进行燃料补给。

人类在火星要面临生存问题。他提出的解决方案是前期的乘客可以利用已经投放在火星上的车辆、货物和其他硬件设施，逐渐建立起一个可以生存的殖民地，并在火星表面建设发射场，让飞船能返回地球。

埃隆·马斯克在他的演讲中，一本正经地讲述着这项火星殖民计划。而他的公司，也为这个"异想天开"的计划进行了实质性的努力：2015年，Space X实现了全世界首次陆上回收太空商用火箭的创举。重复使用火箭技术的成熟，是将人类送上火星的第一步。

一个虚无缥缈的设想，在埃隆·马斯克大胆的解决方案和强大的执行力之下，似乎成了一件具有希望和想象力的事。埃隆·马斯克自创业以来，经历过无数次失败，也因为各种疯狂言论被人们认为是个骗子。但每一件伟大的事，开始的时候都是看上去不可能实现的。无论他的计划最终是否成功，他都是个非常了不起的人。

在这个世界上，有人会为一种前所未有的梦想，不遗余力地设想和计划，并付诸实践。相形之下，我们在生活和工作中所遇到的那些困难，与将人类送去火星居住这种事相比，实在不值一提。

伟大人物不同于普通人的地方，是他们更为乐观，愿意挑战那些看起来困难到不可思议的事物。而我们普通人面对一件事，常常还没开始就被自己的想象吓倒了，轻易地就判定自己不行。

我以前也是这样，成长中为自己设定了很多局限和不可能。直到我做成了一件事，才开始勇于尝试其他看起来不可能的事。

那个时候，我跟别人说：我要成为一名作家。每个人的反应都很惊讶，他们都觉得不可能。其实我对自己到底能不能成为作家也完全没有把握。于是，我先上网搜索了一下：我要怎样才能成为作家？看到别的作家说，要多看书，多写东西。既然别人都这么说，我打算照着试一试。

于是我每天看书，写文章。等我写完100篇文章的时候，我将我写的第100篇文章和我写的第1篇作品放在一起对照，发现我的写作水平有明显提高。这下子，我心里就有底了。因为我确定自己会越写越好。所以，我不去管自己有没有天赋，也不管这行的门槛有多高，我一根筋地认定，只要我能够不断地坚持下去，总能超越自己，至于什么时候能成功，也只是时间早晚的问题。

之后，我又给自己定了一个新目标，这回我决定要写60篇小说。我妈比我还焦虑，每天都不停地问我：你到底行不行啊？你什么时候能学会啊？她的言外之意就是：你要是不行，早点儿改弦易辙得了，别在这上面浪费时间了。

这让我很有压力，但为了应付她，我还是不得不给她开出一张空头支票，以免她总是干扰我。我假装一脸自信地对她说：快了，等我写完60篇小说，我就会写得很棒。

听我这么一说，她虽然还是将信将疑，但没有再天天劝我放弃了。其实我心里的打算是，我以60篇小说为一个训练阶段。如果这个阶段训练完还不行，我就接着再写60篇。结果，没等我写到第60篇，我就已经开始不断地在各种杂志上发表文章了，稿费收入也日趋上升。

这个结果给我带来了极大的自信。我开始意识到，这个世界上大多数事情都有方法和套路。不要轻易被困难吓倒，不要对自己说不可能，当一个大胆的想法摆在你面前时，先试着想出几种解决方案。

每一个大的、看上去很难的事，当你把它分解成具体的实施步骤时，你会发现它没有你想象中那么困难。像埃隆·马斯克，他把送人类去火星移民这件事，细分成无数个解决方案，再单列出来加以实施。比如其中的一步是，他的公司正在研发一款功能更强大的火箭发动机。研发一款发动机这件事，听上去是不是容易多了？

再比如，我想成为一个作家，这听起来很难，但是我把要成为一个作家这个目标，分解成具体的执行步骤。当我详细地计划好自己在一个阶段内，要看多少本书，要写多少篇文章，再具体细分到每一天我需要看多少页书，写多少千字时，它就已经从一个痴心妄想，变成了一个切实可行的方案。

你没有进步，可能不是因为没有天赋

我在经营自己的微信公众号时，经常收到读者的留言：为什么我学了那久，却没有感觉到自己在进步？

网络上流传着一个很有名的理论叫作"一万小时定律"，说的是一个人只要专注于某个领域的学习达到一万个小时，就能成为这个领域的专家。但在我看来，许多人对这个理论有误解。

事实上，你在一个领域花费一万个小时，未必就能成为这个领域的专家。我举几个很简单的例子。

我们每个人从小到大在书写上花费的时间，一定都超过一万个小时了吧。为什么花那么多时间写字，有的人写出来的字还是那么丑呢？他们并没有因为写过一万个小时的字，就成了写字专家。

在我看来，原因可能有以下几点：

·字写得不好的人，没有刻意练习如何让自己的字变好；

·字写得不好的人，是因为每次只追求把字写出来就完事了；

·字写得好的人，会去思考自己为什么写不好，别人为什么写得好；

·字写得好的人，会刻意去练习，甚至会刻意地模仿别人的字。

做其他工作和写字一样，比如我们很多人的妈妈，煮饭煮了大半辈子。为什么有的妈妈煮的饭还是那么难吃，和她们最开始做的饭相比，厨艺并没有多大提升？

因为：

·厨艺不好的人，只追求把饭菜弄熟了就完事。

·厨艺好的人爱吃，对食物有更高的追求；

·厨艺好的人通常在食物方面见多识广，好吃的吃得多了，"久病成良医"；

·厨艺好的人喜欢尝试做新菜，而厨艺不好的人，做来做去就那几个家常菜。

写字和做饭是很难的事情吗？做得不好的人是因为没有天分吗？不不不，除了少数智商、能力受限的人群，大多数人都有能力把字写好，也有能力把菜做好。他们之所以没有做好，只是因为他们没有认真地对待，没能认真地提升自己相关方面的技能。

他们没有特地去研究字要怎么写出来才好看、饭要怎么做才好吃。事实上，无论做任何事都需要正确方法的指导，以及长期而辛苦的练习，才能达到能力上的提升。否则不论做几万小时都是没用的。

写作也是一样的。要想写得好必须要多写，但多写并不意味着每天把1000个字打在文档上就行。刚开始的时候，为了养成和固定写作习惯，我会建议大家把对自己的要求放低一些，只要记流水账就可以了。

可是，当我们写了一个月、两个月、三个月后，我们对自己的写作要求，也要随时间和写作数量的要求逐步提高，不能永远只记流水账。否则你写一万个小时，仍然只是写流水账的水平。

我们可以按照上文中提高写字和做菜水平的经验，来寻找提升写作的方法，大致如下：

· 要刻意练习写作，让写作水平提高；

· 不能只追求写得多；

· 要思考别人为什么写得好，自己差在哪里；

· 要去模仿写得好的作品；

· 热爱写作，对自己的作品要有更高的要求；

· 看更多作家的作品，体味他们之间的风格和不同；

· 多尝试各种写法。

为什么记流水账不会进步？因为你会一直停留在自己的舒适区，一直写你觉得很容易写出来的东西。你创作的肌肉没有得到强化训练。训练的意义就是不断地给自己制定新目标，给自己制造新问题，以求不断地超越自己。

多读多写这四个简单的字眼里，其实包含了下面几点：

· 要制定阅读和写作的目标。不仅仅是数量上的目标，还有题材、难度上的目标。

· 要脱离自己的舒适区，不能一直写一种类型的文章。

· 训练要用心，要思考，要有方法，要精益求精。

很多同学，对于写作有这样一个误会：我今天要写一篇文章，我就直接坐到电脑前，打开文档，不假思索地开写。如果今天这篇文章我写不出来，或者写得不好，就认为自己水平低、没天分。

可是在写这篇文章之前，你为了它看过多少篇文章呢？做过多少资料的收集呢？做过哪些知识和经验的积累呢？推敲和思考过多少遍呢？

有些人认为好文章都来自突发奇想、灵光乍现，其实这是对写作的误解。

除了极少数的天才型作者，很多时候，一篇佳作的产生绝不仅仅依靠灵感。让我们来看看大作家严歌苓是如何写作的：

她在写一部小说之前，总是做足充分的准备。要写什么职业，一定把这个职业的方方面面了解清楚。要写"文革"的故事，一定会把那个年代的所有情况都研究透彻。

她为了写一本书，可以泡在图书馆里查阅数十万字的资料。为了写赌徒，可以在赌场里潜伏几年时间。

她说：创作要厚积薄发。

这就是她能够不断创作出好评如潮的佳作的原因。

如此优秀的作家尚需要这么认真、慎重地进行写作前的素材积累工作，平凡如我辈，又怎么能全凭自己有限的灵感和天赋，大笔一挥就写出一篇好作品呢？

虽然我们写随笔、短篇故事，不如写长篇小说的工程浩大。但毫无准备的写作犹如毫无准备的上台，你能表现出色的概率不会高于瞎猫撞上死耗子。这种情况下，你写得不好是必然的，写得好是偶然的。

乔布斯在每次演讲之前，都会一遍又一遍地练习，并修改自己的演讲稿，有时候一次演讲前的修改达100次以上。我们看到别人的文章写得那么好，别人的演讲行云流水，总会觉得他们是天才，很轻易就能达到这样的效果，其实是大错特错。我们只看到别人站在台上的三分钟，却看不到别人台下的十年功。

所以，那些觉得自己在写作上已经足够勤奋，却还没有取得进步的同学，不妨慢下来，与其草率地写10篇流水账，不如用心准备，深思熟虑，认真地写好一篇。

你可能会为这些事后悔

　　写字为生这些年，我发现现在的读者越来越聪明，这种聪明主要表现在大家勇于质疑一切，不再迷信权威。

　　以前在杂志上发表一篇文章，我总会得意扬扬地感觉自己是别人的老师。现在在网络上发表一篇文章后，我总会战战兢兢，等着千千万万的读者来做我的"老师"——小到错别字，大到逻辑、观点错误，总有人给我指出。

　　这种聪明是好现象，说明读者具备了独立思考的能力，不再盲目相信，人云亦云。然而，有些读者却走向了另一个极端，因为过分的不相信，他们什么都要怀疑、反对，只愿接受自己原本相信的那些，只愿意相信让自己舒服的道理。

　　有时候即便文章里传达的是很有普世价值的生活观，也会收到理直气壮的反驳。比如我建议大家应该努力争取更多的收入，有人就会说，我每个月拿3000块也很满足；比如我说大家应该锻炼身体，有人就会说，我现在看到"健身"两个字就想吐。

我觉得这种意见的反弹，有很大一部分是人们对自身无能的愤怒。就像小时候大人天天催我做作业，总是夸隔壁家的孩子聪明、乖巧、成绩好一样，每次听了这样的督促，我也会生气，只是那时候我还不知道世界上有这么一句万能的反驳：每个人都有权按照自己喜欢的方式生活。

等我知道了，已为时过晚。但我发现，现如今这句话简直是一剂万能药啊。

"你要努力学习。"

"我不，每个人都有权力按照自己喜欢的方式生活。"

"你要按时作息。"

"我不，每个人都有权力按照自己喜欢的方式生活。"

"你要爱惜身体。"

"我不，每个人都有权力按照自己喜欢的方式生活。"

……

无论写什么主题的文章，都会有读者高举这面大旗。这句话几乎成为一些懒惰者、不自律者的万能遮羞布了。大家一遇到自己不想接受的事物，就变成墨索里尼——墨索里尼总是有理，今天有理，明天有理。穷有理，懒有理，堕落有理，不思进取有理，通通都有理。

在这个多元化的时代，我们应该尊重每个人自由选择的权力，但是权力并不意味正确。就像一个人肯定有吃土的权力，但并不意味着人吃土正确。人生一定有更好的选择，一定有一些事是基本正确的。

哪些事是基本正确的呢？

我还记得小时候，有一次我表姐来我家玩，晚上和我睡在一张床上，她跟我说了一些老生常谈的话，我却极力反驳她，然后她说：等你老了，肯定会后悔的。

我当时想当然地回答道：我并不打算活到老，我觉得一个人活到30岁就足够了，30岁以后就没意思了。

现在回忆起来，当然觉得可笑。没有一个成年人会觉得活到30岁就足够了，现在的我也一样。

然而，如今的我们仍然在不断地为自己未来的人生做着很多不可逆的选择。我们不知道未来的自己会不会感觉现在这些选择轻率可笑。

我们毫无办法，只能凭此刻的想法、感受、认识，去为未来的人生做决定。就像小时候武断自信的我根本无法想象，人的想法是会变的，需求是会变的，甚至信仰也是会变的。

我们不知道未来的自己更相信什么，需要什么。但是我们可以借鉴大多数人的人生，从而做一些基本正确的事。

有一家杂志，对全国60岁以上的老人做过一次调查，题目是：你最后悔的是什么？调查结果如下：

75%的人后悔年轻时不够努力，以致事业无成；

70%的人后悔年轻时选错了职业；

62%的人后悔对子女教育投入不够或方法不当；

57%的人后悔没有好好珍惜自己的伴侣；

49%的人后悔没有好好锻炼身体。

这个调查结果其实并无新意，但却能让我们知道哪些是人生中基本正确的事：努力、勇敢地去选择自己想做的事，珍惜家人，锻炼身体……而这些大多是大家常常被告诫，也常常被大家所忽视的事。

你仍然有权选择不信，仍然有权按照自己喜欢的方式生活，只是你将来后悔的概率会比较大而已。

人生不止是为了赚钱

人们很喜欢参与钱的讨论，如果文章的标题和钱有关的话，这篇文章在网上的阅读量就会高一些。我在网上常常见到这样的问题：如果读大专比读博士赚得还多，那么读博士还有什么意义？不读书的人会不会比读书的人赚钱能力更强？

有这种困惑的人，一般是没读过什么书，或者是读过书但没真读进去的人。

首先，从官方统计的数据来看，高学历者的平均收入绝对超过低学历群体的平均收入。比如，博士生的平均收入一定是超过硕士生的，硕士生的平均收入一定是超过本科生，以此类推。

那为什么人们仍会有读大专比读博士赚得多的错觉呢？

那是因为学历越高越稀有，学历低的群体比较大，从中更容易找到出类拔萃的代表。比如，你可能认识100个读大专的人，却只认识1个博士生，你认识的100个大专毕业生中只要有1个赚得比博士多，你就武断地产生了读大专比读博士赚得多的错觉，完全忽略了大多数大专生赚得没有博士生多的事实。

然而评价一个人的成就，金钱不是唯一、绝对的衡量标准，它只是一种较为低级的标准。比如莫言获得了诺贝尔文学奖，刘慈欣获得了雨果奖，他们拿到的奖金还不够在北京买一套房。如果纯以金钱论成败的话，在某些人眼中，他们的成功当然不如王健林、王石，甚至不如某个拆迁户。

如果你没有一个明确的答案，你可以想想，你肯定知道这个世界上存在过贫困潦倒的梵高、曹雪芹，但与他们同时代的所谓首富或政治家是谁，你知道吗？

只用金钱去衡量一个人是否成功，是一种非常肤浅而片面的行为。

因为每个人的追求是不同的，虽然大多数人的人生理想还停留在满足自身生存，或者满足自身更高质量的生存，即追求吃得更好，穿得更好，用得更好，拥有更多物质财富上。但也存在很多志向不在此的人，他们选择和拥抱了更高的追求——有的人追求精神的富足，有的人追求自由，有的人追求改变世界……

在一期网络节目中，著名音乐人高晓松讲道，以前他回母校清华大学演讲的时候，有一名学生向他提问，您觉得我是该去国企还是去外企？

他很气愤，不愿意回答这个问题。我忘记了他具体是怎么说的了，大意是说：这么好的大学培养你，不是用来教你考虑这种肤浅的问题的，你应该有更高的理想和抱负，才对得起你读过的书。

当你读过那么多书，上了大学，如果思想境界还停留在怎样月薪比别人多赚五百，或者怎样才能买一套房子上时，你这么多年的学就白上了。

因为读书没有改变你，你的理想和追求和没读书的人一模一样。让自己生存得更好，这是生命最初级的需求，是动物都知道追求的事。

读书教给我们的绝不仅仅是如何赚钱让自己更好地生活。它应该教会我们如何在衣食住行之上，享受更高级的追求和快乐。

前两天我在跑步的时候听了一集《朗读者》，让我记住了秦玥飞这个名字。后来我从网上了解到，他当年以托福满分的成绩考取了美国耶鲁大学，并获得了该校的全额奖学金。然而，当他从耶鲁大学毕业后，他放弃了优渥的薪水，毅然到湖南省衡山县福田铺乡白云村去当了大学生村官，而且一做就是6年。他目前的月薪是1700元。耶鲁大学的毕业生一个月才赚1700元人民币，文盲们知道了是不是很高兴？是不是该奔走相告？人家读美国名牌大学才赚这么点儿，我不去读书却比他赚得多多了，我是不是更聪明？

后来，秦玥飞联合发起了黑土麦田公益，号召和吸引了更多名校的有志青年，投身到穷乡僻壤，去帮助和改变中国的农村。

我在网上看到他的伙伴中有清华、北大、人大的大学生，他们在农村创建经济合作社，发展当地的特色产品，让贫困地区摆脱被捐助的命运，拥有了经济上的造血能力。这个社会需要他们这样的人，他们的无私和奉献精神推动着中国的改变和进步。

可是按照有些人对于成功的标准，就只能得出读耶鲁大学的还不如小学毕业的结论。

可能在很多人看来，他很傻。而我知道，他很快乐，他谈起自己事业时的眉飞色舞，让我相信这是他真正热爱的工作，他是那种真正知道自己要的是什么的人，是一个真正有理想的年轻人，像他这样的人有很多，而有些人总是拿自己的那一套标准去衡量全世界。莫言没赚到钱，所以莫言很失败；秦玥飞不去赚钱却投身中国农村，很傻。

燕雀安知鸿鹄之志，他们追求理想时的那种满足感、那种成就感、那种幸福感，绝对不是用钱可以买到的。

有人说，我也有理想，我的理想就是赚钱。不不不，以满足自己享受欲望为前提的赚钱不是理想，只是一种基于生存的本能。

当然，也不是说所有想要努力赚钱的人都没有理想，像福建的大慈善家曹德旺先生，他的理想就是赚很多的钱，然后不断地捐出去帮助更多的人。

有很多真正有钱的人，事实上他们追求的并不是钱本身，赚钱也不是以自身的享受为目的，像比尔·盖茨、雷军等，他们本身的生活简单而朴素，赚钱的目的是要实现和证明自己，进而影响和改变世界。

前几天，有个朋友对我说：她对写作失去了动力，因为不赚钱。我告诉她，从物质上讲，写作的确是一个投入产出比极低的工作（不要只看到谁谁谁发财了，那种概率非常小）。只以赚钱为目的的人最好不要来写作，除非你能享受写作的乐趣，否则，从经济角度上来说，这是一项极不划算的买卖。

当然，我从来不会鄙视钱，也绝不鄙视用自己的劳动和智慧努力赚钱的人，生活在这个时代的确不易，有多少人终其一生的奋斗所得也买不到一套房子。所以，我们更应该向那些为了理想，甘愿贫穷的人致敬！

Part 3

那些三十已死，
七十才葬的人

为什么相亲如此伤人？

许多人在春节前返乡后，都不得不面对一个痛苦的问题：相亲。

相亲这件事之所以残酷，在于它撕下了人际关系中的温情脉脉，直接将你变成了一个商品，标上了年龄、身高、月收入等各项技术参数，然后投入市场接受买方苛刻的检验。

如果不相亲，很多人还不知道原来自己长得这么丑，因为日常生活里很少有机会被旁人提示。

父母不会说你丑，好歹是自己生的娃，不管长成啥样都会说很可爱。

亲戚、朋友、同事不会说你丑，首先是碍于情面，今后还得来往呢；其次是看习惯了；第三是知根知底后会因为性格、感情等各方面的因素降低外貌影响的比重。

有时候也会有一两个不识好歹的笨蛋或仇人当面捅破真相，可你也不太当回事，觉得他们可能是因为眼瞎或憎恨自己。

但经历过相亲后，你会发现很多人在微信上和你聊着聊着，照片发过去之后就没了下文；很多人跟你第一次见面吃了一顿饭，就没有然后了；甚至和相亲对象约好在咖啡厅，你还来不及招呼对方点东西吃，人家竟然多一秒也不想停留就落荒而逃了。这一切让你开始深思，以前是不是过分高估了自己的外貌。

是，也不是。

因为人们对于陌生人的外表缺点是更为苛刻和放大的。

就好像我们部门招了一个新员工，他第一天上班的时候，有几个相熟的女同事实在忍不住在私底下"吐槽"：天哪，他好丑。然而在后来的相处中，他的情商、才华等方面的人格魅力渐渐突显，慢慢地和大家打成了一片。日子久了再看他，就觉得他长得也挺顺眼的。

这种情况，就好像是你家楼下的一棵苹果树，你每天从它旁边经过，你看着它开花，看着它结果，虽然结出来的果实都是些歪瓜裂枣，跟外面卖的没法比，但是你毫不嫌弃，也吃得很高兴，因为你对这些果子产生了感情。

然而相亲就不一样了。相亲就像你拎着个篮子去超市挑水果，看到这个苹果长得有点儿歪，你马上就把它扔一边不要了。

超市不能怪你挑水果的方式太肤浅，只看外表。他们不能劝你说，虽然这个苹果长歪了，外表不行，但吃起来还很甜。明明有大把长得不歪的、吃起来也很甜的苹果，为什么非要挑个歪的呢？

超市不能怪你对水果的态度太势利，只想挑好的甜苹果，不想要丑的酸苹果。因为你是来买水果的，不是来给水果做慈善的，放着好的苹果不要，专挑坏的苹果，那才是脑子进水了。

这么说来，相亲就变得很残酷了。因为每个人都被迫变成了一个等待售出的苹果，被打上产地、品牌、价格，准备被卖给对应的客户。卖相好的苹果，一上市就被挑走了。卖相不好的苹果，被这个人拿起来看一眼，又放回去，然后被那个人拿起来，看一眼又放回去。

相亲失败就是这种被拿起来看一眼又放回去的过程。每经历一次，就是对自信心的一次打击。

之前在网络上看到过这样一则信息：一个小伙子因为穿杂牌运动鞋去相亲，被女方拒绝了。

我觉得让一双运动鞋去背负相亲失败的责任是很冤的，就像超市用什么袋子装苹果不重要，重要的是袋子里装的是什么苹果。

　　万科集团的创始人王石第一次约田朴珺吃饭，忘记了带钱。第二次约田朴珺吃饭，又忘记了带钱。但即使这样，田还是跟他有了第三次约会。换成一个普通男人，估计早就被踢出局并被"吐槽"一百回了。但是他是王石，他的小气也会被理解为不拘小节，如果他当初约会的时候也穿了一双运动鞋，又有什么关系呢？有人说：一富遮百丑，一穷毁所有啊。

　　所以，如果我们在相亲中被别人拒绝，不管对方提出如何让人难以理解的理由，我们都应该简单粗暴地解读成这两种原因：穷或丑。

　　比如对方拒绝的理由是：你居然穿双运动鞋来相亲。我们就要解读成，你这么穷或这么丑，来相亲之前也不上点儿心，好好打扮一下。

　　比如对方拒绝的理由是：第一次见面，你居然迟到了半小时。我们就要解读成：你这么穷或丑，还敢迟到半小时。

　　如果迟到半小时的是王石，你愿不愿意等呢？估计等12个小时都没问题吧。

　　所以条件不好的人去相亲，就是拿自己的弱点去四处PK，屡战屡败是可以预见的。也许你真的很优秀，可是一顿饭的时间，很难展示出你的内在美。

　　这世界哪有什么一见钟情，全是色相吸引。

有多少白头偕老，不过是同归于尽

我有一对亲戚，老两口加起来快200岁了。然而事实证明，两个人的情商不会因为年龄的增长而自动增长，夫妻间的感情也不会。在一起生活超过60年了，他们仍然不能习惯对方的语言风格，隔三岔五就要吵一架，甚至比年轻时有过之而无不及。

年轻的时候，他们还可以出门转转，找点儿别的乐子，缓解一下家庭矛盾。现如今都是九十几岁的人了，因为腿脚不便，早已不大出门，于是夫妻俩天天坐在家里大眼瞪小眼，吵架就成了唯一的消遣。

如果只是动动嘴皮子倒也罢了，然而文斗经常演变成武斗，不是老太太把老头儿打得头破血流，就是老头儿把老太太打得鼻青脸肿，这两个人是有多大的仇啊？老到走路都需要人扶的地步了，仍然愿意匀出力气来互相伤害。子孙们担心再这么下去，非闹出人命不可。最后只能对他俩采取隔离措施，一个继续住家里，由保姆照料；另一个送到养老院。

这难道不是一起悲剧吗？两个人性格如此不合，彼此之间有那么多怨恨，却偏偏被命运拴到了一起生了好几个孩子，还在相互咒骂声中度过了半个多世纪。

前一阵子我回老家，我妈对我说：你阿姨现在很惨，你姨夫总是打骂她，她受不了就逃了出来，去年逃回娘家被你姨夫抓了回去。现在又逃出来了，宁愿身无分文地跑去外地打工，也不愿意留在家里。

我听了很震惊，阿姨年轻时是一个温柔美丽的女人，这些年和姨夫一起经营果园，收入颇丰，又生了一双漂亮的儿女，印象中她的日子应该过得很不错才对。没想到如今年近半百，孩子们也陆续上了大学，眼看要到坐享清福的年纪了，却落得无家可归、流离失所。

我问：阿姨没有钱吗？

我妈说，你姨夫独掌经济大权，你阿姨一直只是帮忙打理果园，操持家务，每个月只能拿到一点点家用……所以她逃出来，你姨夫还一心想要抓她回去继续干活。

我听了很气愤，这哪里是嫁人，这是一日为妇，终生为奴。

可能大家看到这里，会忍不住问：那为什么不离婚呢？

我不知道，中国就是有很多早就该散却没有散的怨偶。但为了父母、子女、面子、家产，无法离婚的理由牵扯到方方面面的关系以及各种错综复杂的利益。于是这样的婚姻只能成为夫妻间的枷锁，宁愿互相伤害、折磨、消耗，也无法分开。

记得有一年看到一则新闻，有个年过半百的女人，等到孩子考上大学那天，不顾一切地和丈夫离了婚。萨特说：他人即地狱。或许对于这个女人来说，那个永远无法磨合却不得不朝夕相对的他人，更是十八重地狱……估计她拿到离婚证的那一刻，会有一种逃出生天的快乐，尽管她身边的很多人都不理解她。

中国人的习惯是"宁拆十座庙，不毁一桩亲"。她做下这个决定，一定经历过种种劝阻：你都一把年纪了还离什么婚啊？将就着过呗。离了你还想找下家吗？孩子都这么大了，瞎折腾啥啊？

说这些话的人难道不知道，人家正是忍无可忍才决定离的，否则也不会等到现在，在这20年的婚姻里，与丈夫但凡有一点儿和平共处的可能，一定全都尝试过。

一个人有十个离婚的理由，周围人就能用一千个不能离的理由来吓唬他。

　　每个能走出这一步的，可能都是真正的勇士。不知道有多少人不过是做了生活的懦夫，在忍无可忍的婚姻中继续隐忍着。

　　在日本，法律规定如果家庭主妇和丈夫离婚，可以分走配偶一半的退休金。于是有很多想离婚的日本女人会一直忍着，忍到头发白了，丈夫退休了，才欢天喜地提出离婚，拿着一半的退休金走人，所以日本有很多60岁离婚的现象。

　　中国没有这种保护家庭主妇权益的法律，万一不幸嫁给了一个实在合不来的人，即便在婚姻的摩擦里恨意日增，却没有足以支持离婚的经济能力。除了祈祷对方留下遗产早日归西，就只有等着和对方同归于尽了。

　　单身或离婚往往不是最不幸的，想离不能离才是。

你花了那么多钱，别让自己变讨厌

某一年，我在网上认识了一个女生，我们在QQ群里聊了几次，印象还行，于是加了好友。有一天，她突然对我说：西西，你帮我介绍个男朋友吧！

我说：好啊，你想要什么样的？

她胸有成竹地报要求：我希望男方身高180 cm以上，长相中上，有车有房，月收入不能比我低，工作最好是国企、事业单位、公务员……

我听了有些吃惊，她才刚毕业，还在《海都报》做实习生，对男人怎么有这么多要求。

但巧的是，我刚好认识一个符合她所有条件的男生，而这个男生那阵子也隔三岔五地要我帮他介绍女朋友。

这个男生要求我给他介绍一个有才华的女生——能进报社做记者的，哪个不是才女呢？而他在中国移动上班，作为一个部门的主管，收入能打败我们当地80%的白领。

总而言之，我感觉他俩在各方面还算"门当户对"，就把他们介绍到一块儿了。两个人聊了几天，就到了见面环节。

作为介绍人，我有义务采访双方的"观后感"。在两人见过面之后，我先问女生，女生觉得对方很好，自己很中意。我又去问男生，男生却露出一副欲言又止的样子，出于教养，他只说了一句：下回你见到她本人就知道了。

后来群里聚会，我终于见到了那个女生，她看起来有些冷漠，但我想我们在网上聊得很好，所以就主动接近她，想找机会和她聊聊。

在我们聊天的时候，服务员送水来了，我不假思索地拿起一瓶饮料先替她倒上了。不料她皱着眉："哎呀，你可别把水滴在我的包包上，这是我从香港买回来的MK的包，四千多块呢。"

"没有啊，包包放后面去吧。"说着，我顺手把她茶几上的包包拿起来，准备放到沙发后面。

结果她如临大敌，把包包夺了过去，嫌弃地说："那后面都是灰。"

过了一会儿，又来了一个网友想要坐进来，我就往她的方向挤了挤。结果她又咋咋呼呼地嚷："拜托，你不要坐到我裙子上，这是我托人从法国买来的LULU，一条要2128块呢。"

我觉得很尴尬，借口去卫生间，不动声色地离开了她。我突然明白了那个男生的一言难尽。

真讨厌啊！

很多人喜欢让别人觉得自己有钱，我对此倒是不反感，但我希望大家既然要装，最好能装得像样点儿。在我看来，要装有钱最不应该做的就是总提牌子和价格。不要动不动就和旁边的人说：你闻一闻，这是我上次从巴黎购回的价值100欧元的祖马龙香水，喷在发梢的味道如何？有钱人才不会这么小心翼翼，他们可能拿祖马龙当厕所的空气清新剂呢。

其次，想装有钱就要明白一点，所有的商品都是拿来用的，不是买回来当祖宗供的。用一个贵的包包成天怕丢了、脏了、磕了、碰了，到底是你用东西还是东西在用你呢？而且你这么紧张它的样子，足以向所有人证明你根本用不起它。

我妈也干过这种事，小时候家里装修，她使用了价格昂贵的木地板。每次我进房间都要被她提醒：喂，去换一双软底的拖鞋。我打扫房间的时候她还不让我用拖把，觉得拖把粗糙的质地会磨损高贵的木地板。她要求我隔天用毛巾擦地板，以至

于13岁的我，每次跪在地上一寸一寸擦拭木地板的时候，都
觉得自己就是那个身世凄惨的灰姑娘。我妈当年之所以会傻到
用一种需要我们时时刻刻小心呵护的地板，就是为了让邻居某
天上门参观的时候，看一眼我们家地板，然后赞赏一声：哇，
好精致的地板啊！

　　虚荣！

抱歉，真的没有人会爱这样的你

现在网络上有一些女生，不知道她们哪来的自信，总以为会有男人不嫌弃她各种各样的缺点，即使她不学无术、好吃懒做，也会无条件地接受她、爱她。

我之前写过一篇文章，题目是：该如何在爱情中避免为了凑合选择一个人？

我写道：避免凑合的正确方式，并不是坚持对别人的挑剔，而是提高对自己的要求，让自己变得更好，为你未来要遇到的人，准备一个让他不需要去凑合的你。

有趣的是，有个女网友在回复中反驳道：这是不自信，自信应该是相信自己是什么样的都会有人爱。

对啊，我们从小就受到言情小说、爱情剧的影响，总以为自己是与众不同的，总有一天，会有一个盖世英雄，身披金甲圣衣，驾着七彩祥云来娶我们。

因为电视上都是这么演的，那些又高又帅又有钱的富二代，总是会莫名其妙地迷上相貌平平、缺点多多、各方面都很一般的女主角。

是这些故事让我们误会，以为爱情只讲缘分，不讲道理。我们不需要做任何努力，只要坐等时机成熟，遇到对的人，天雷地火、怦然心动，一切就水到渠成了。如果遇不到，也仅仅是自己运气不好。

然而，真相却是，正是因为现实是残酷的，所以才需要那么多美好的电视剧来安慰我们这些资质平庸的女生，成全我们的白日梦。

生活中并没有那么多王子爱上灰姑娘的故事，爱情其实是功利的，它是需要棋逢对手的。国外有一家爱情研究机构，他们对各个国家的情侣进行统计，发现60%以上的情侣在容貌方面的差距在1分以内，80%以上的情侣在容貌方面的差距在2分以内，那些容貌差距很大的情侣，丑的那一方往往在某方面较为出众：要么有名，要么有权，要么有钱，要么优秀——这就是现实。

我记得作家刘心武老师曾提过一个经历。有一次，他在国外旅游的途中，拜访了一个朋友，这个朋友是一个英俊潇洒、风流倜傥的年轻教授，他每到一处，总像星星一样耀眼，总能吸引周围美女的围绕和追捧。

但他这个朋友却早已结婚，所以刘老师就想，这样一个优秀的男人，要怎样的女人才能入他法眼呢。结果到了那个朋友家，刘老师看见他的太太，大失所望——朋友的太太只是一个貌不惊人、资质平庸的女人。

他和朋友在客厅谈笑风生的时候，从口袋里掏东西，不小心把口袋里的药盒带了出来，掉在地上，胶囊滚得满地都是。朋友的太太跑了过来，他却挥挥手：不要紧，这是我在国内带的药，等我到美国再买就好了。

然而，朋友的太太一声不响地把地上的药都捡起来收走了。

后来，刘老师到了美国，他的老毛病又犯了，但他发现在美国买不到他需要的那种药。就在他苦不堪言之际，快递来了，他打开包裹一看，是一个药盒，里面装着一颗颗胶囊，还附着朋友太太的一封信：刘先生，我想你在美国人生地不熟，未必能买到药，这些药你随身带着，想来一定很重要。我把你掉在地上的那些药从胶囊里倒出，分别装进了干净的胶囊里寄给你，以备不时之需。这些药是干净的，请放心使用。

刘老师说，那一刻，他终于明白为什么朋友会娶这个女人了。这样的冰雪聪明，这样的温柔慈悲，容貌早已不重要了吧？

所以，希望大家能明白，没有人会因为你的缺点而爱你。有些表面上看起来很一般的人还能被人爱，是因为她身上存在着某个优点，这个优点能让爱她的人忽略她的缺点。

记得之前在一篇文章中，我这样写道：如果你的肥胖已经影响到你的生活和健康，那还是应该减肥啊。结果引起许多网友的激烈反驳，他们说胖并没有什么，××女星那么胖，照样有那么多人喜欢。

我当时差点儿一口血喷出来，很多人喜欢那个女星，不是只喜欢她的胖啊，如果一个人除了胖之外什么都没有，还理所当然地认为自己不需要改变，这就是一种误解。

是的，有缺点并不可怕，我们也不需要让自己变得十全十美。但你不能自欺欺人地认为，即使自己又胖又老又丑又矮一无是处，还是会有一个优秀的人会爱你。我想知道他为什么要爱你啊，他瞎了吗？还是脑子进水了？如果你对你喜欢的人有那么高要求，希望他脾气好，长得好，会赚钱，学历高，他又凭什么对你毫无要求呢？

倘若大家都相信同样的理论，会怎样呢？女人觉得自己又胖又丑又懒，也一样有人爱；男人也觉得我又矮又穷又挫，也一样有人爱。结果满大街都是这样的人了。你到哪里去找你心目中的白马王子呢？

我爸在马路边捡到两万块……

我曾在一篇叫作《男人真实的一面是什么样的呢？》的文章中写道：

"有一次，我和一个男人一起走。我在超市买了很多东西，很沉，他都替我拎了。他走到楼下，放下袋子，使劲甩着手，道：好累啊！我闻言大吃一惊：你拎东西也会觉得累吗？他一副无奈的样子，说：当然会啊。

啊，请不要笑我白痴，我真的是活到这把年纪，才知道原来男人拎东西也会累。这是因为我父亲这样的男人，带给了我一种错觉。我从小到大，从来没有听他抱怨过累或苦，无论他工作多辛苦，也无论他拎多么重的东西。这使我产生了一种错觉，以为男人都是力大无穷的。

记忆中的父亲也从来不吃好吃的，总是把零食、水果等各种美味的东西让给我们，使我以为男人都不喜欢吃好吃的。

我对于男人的误会还有很多，后来我才知道：有时候，男人也会没有安全感，男人也需要赞美和鼓励。男人有时候也是很脆弱的，他们也会受到伤害，也会有害怕的时候，也需要温暖和安慰，也害怕被异性玩弄感情……

我才知道，原来男人虽然比我们女人高，比我们壮，比我们有力气。可是，他们并不是超人，他们心里也仍然住着一个小男孩，需要我们去温柔地对待。”

没想到这篇文章获得了许多网友的共鸣。

在我的印象中，这似乎是我第一次写我父亲。寥寥几百字，网友的反馈却出乎我的意料，有人说：真羡慕你，有个这样好的爸爸！有人说：我爸爸并不是这样的，他总是把好吃的留给自己。还有人说：我爸搬家的时候，自己就拿几个轻的塑料袋跑，把重物全留给我和我妈。

是网友们的话，让我陷入了另一种反省。因为在此之前，我还以为所有人的父亲都是一样的，在家庭生活中无私奉献，大爱如山。

在此之前，我从不写我的父亲，因为我曾经以为，我父亲这个人以及他的人生，是乏善可陈的。

　　我父亲曾是军人，或许也有过意气飞扬的时候。记得有一次邻居的发小来我家里玩，被压在玻璃下的军装照惊到了：这是你爸？他年轻时候这么帅？然后不由地冲我啧啧感叹，岁月真是把杀猪刀。

　　打我记事时起，父亲就成了一个平庸的中年男人。他沉默寡言，我很难从他那里获得赞美和温柔。

　　他一向内向笨拙，唯一的兴趣就是一遍遍地在电脑上玩单机版的象棋。下了一辈子象棋的人，还这么痴迷，怎样也该是个民间高手吧！然而，有一天我瞄了一眼电脑，发现他的等级还是那么低。

　　他的情商极低，转业后进了一家国企，兢兢业业、起早贪黑地干了一辈子，他当年的那些战友，遍布各行各业，大多位高权重，而他始终是个小职员。

　　有一次，他因为工作上的事和上级发生了激烈的冲突，而且这个领导掌握着我爸的前途，这使我妈为他忧心忡忡。正好这位领导的妻子很喜欢我的文章，和我算是忘年交。因此，我妈要求我去找那个领导的妻子道歉和说情。

　　结果我果断就拒绝了。我当时心里想的是，第一，我认为道歉这种事，应该是我爸的确做错了什么，而不应该只因为对方是我爸的领导。第二，我爸不愿意认的错，我去替他认了，并不是帮他，是在伤害他。但我没解释，我只是固执跟我妈说：我不去！最终就是我妈被我俩气哭了，气愤地骂道：你们这两头犟驴！

还有一次，一个朋友给我打电话，叫我去参加一个饭局，说他有几个朋友很仰慕我的才华。于是我就去了，一看，列席的全是当官的——我们当地的检察长、电视台台长、宣传部的领导之类的，席间大家互相恭维，然后其中有个人问我：你父亲是谁，把你培养得如此优秀？当然，这只是场面话，不可当真。

我刚要告诉他我父亲的名字，结果被另外一个女官员打断了，她挥挥手说：你别问，问了你也不知道，她父亲是个小人物！我当时年少气盛，非常生气。于是，接下来的饭局上，我一句话也没说。直到宴席结束，我对那个叫我去的朋友说：以后这样的饭局不用叫我了。

这是我记忆中为数不多的沉默地站在父亲这一边，用与他一样的倔强，和这个世界对抗。然而，我一直不觉得我有多喜欢他。曾经有一次，朋友聊天时问我：你没有恋父情结吧？我不假思索地说：当然没有。我怎么可能喜欢父亲这样类型的男人，沉闷、无聊，又乏味。

直到我大了一些，我才知道：要在人生中经历过多次的挫折、失望后，才会慢慢懂得父亲这样的男人是多么的难能可贵。

是的，他不会玩浪漫，他只是用一生去爱一个女人，他只是每次吃饭的时候，默默地把剩饭剩菜倒进自己碗里，永远将筷子绕过别人可能喜欢的菜——他只是把最好的给了妻女。

是的，他不善表达，他的工作很辛苦，以前常常天没亮就出门，直到深夜才回来。然而，我从小到大，从来没有听他抱怨过自己的工作，也从来没有听他说过一句，我很累。他只是隐忍地扛起了这一切，替我们负重前行。

是的，他情商很低。我小时候，他每次和我妈吵架，都是因为他执着地要把家里的钱借给可能还不上的亲戚。他总是先人后己，爱家人，爱父母，爱兄弟姐妹。

是的，他是小人物。他是一个常常因为舍不得车资，宁愿走路去上班的小人物；是一个在路上捡到两万块钱，却不假思索地拿去公交站交给交警的小人物。

是的，他很笨。当我决定全职写作时，我妈妈很担心，与我私下争论了几回。而他对此一句话也没说，也许是他不知道该说什么，也许是他觉得什么也不必说。他只是在我离职以后，在我每一次在网络上发表文章的时候，默默地给我的文章打赏一笔钱，一次都没落下过。

人生走过小半，我慢慢地了解到，有些爱在生命里，是以缄默而笨拙的方式进行的。有些人的优点藏在时光尽头，不是一开始就会让人明白的。

　　撇去人世浮华，我才明白了我父亲，他或许不够聪明，也不够优秀，却很少有人像他这般纯净。

过度节约，就是在挥霍生命

　　我有个前同事，在日常生活中，她的花钱方式给她的家庭带来了极大困扰。她的家庭收入是20万左右，有房有车。然而，这一家4口（包括她的丈夫、孩子和婆婆），每个月用于柴米油盐的花销却只有1000块，所以一个月下来饭桌上基本看不到荤菜。她的先生秉持着能省则省的原则，工作之外几乎没有任何社交活动，她的婆婆更是生病了也不肯上医院，嫌买药是浪费钱。

　　我另外一个朋友，和这位前同事生活在同一个小区。她的家庭年收入是40万左右，在福州市区坐拥三套房。她告诉我们，她和公婆一起住，一年365天，顿顿吃面，包括大年三十和正月初一，因为吃面省钱又省事。

每个人的生活需求不尽相同，不存在绝对正确的消费观，人们有权按自己的方式和喜好采用不同的消费方式，喜欢省钱也没什么错。对于花钱这件事，我只是有个小建议，那就是我们应该每隔一段时间就扪心自问一下：我赚钱是为了什么？我存钱又是为了什么？

我曾在一篇文章里告诉大家，当你面对一件事，不知道自己所做的是对还是错时，你应该想想自己的初衷。在每一个无关法律与道德的选择上，永远瞄准初衷，就不太容易选错。大多数人想拥有金钱的初衷，不外乎希望通过它来获得快乐、健康和幸福。

然而，很多人走着走着就慢慢地忘记了这个初衷，误入歧途，做出本末倒置的事情来，比如只要遇到要花钱的事，就下意识地想回避，就不假思索地想去省，从来不会考虑为省下这笔钱要付出怎样的代价——为了几百块钱、几千块钱与家人大动干戈，忘记了比钱更贵的是家庭的和睦；为了少花一点儿钱，在饭桌上节省，忘记了比钱更宝贵的是身体的健康；为了不花钱，连朋友都不来往了，忘记了比钱更贵的是交友的乐趣；为了几万块钱的彩礼，随随便便就解除婚约，忘记了比钱更贵的是缘分。

我认识一个女作者，一直靠着微薄的稿费在国外旅行，从一个国家流浪到另一个国家, 这十多年来走了大半个世界, 她赚一点儿花一点儿, 始终"两袖清风"。她身边的人对她的前途忧心忡忡, 总对她说一些"你这样将来怎么办""等你老了怎么办"之类的话。

我现在还记得她的回答, 真的超级棒, 她说: 我不去想未来要怎么办, 我只知道, 假如发生意外, 哪怕是此刻就死掉, 我也没有任何值得遗憾的事。因为我人生的所有梦想, 此刻都已经实现了。所以, 无论我什么时候死去, 我都会觉得死而无憾。这就够了!

我听了非常感动, 因为她才是真正拥有人生智慧的人。在我看来, 我们每个人的终极追求不过就是这四个字: 死而无憾。所以, 我想请诸位再问自己一个问题: 假如明天就是世界末日, 你会为什么事情而后悔? 难道会遗憾自己想存的钱还没存够吗?

我记得有这样一句话: 人生真正的价值, 不在于你活了多少日子, 而在于你记住了多少日子。换而言之, 一个人的成功, 不是你最终占有了多少, 而是你在这个世界上真正感受过、经历过多少。愿你在回首来时的路时, 能有许多值得的回忆和感动的瞬间。

因为最失败的人不是没有钱的人, 而是那些把一生的每一天都活成同一天的人。当他们行将就木的时候，脑海中回放自己的一生，只有一片一片的空白。

我愿你看过这个世界许多如诗如画的风景，愿你尝过这个世界各种惊艳难忘的味道，愿你遇见这个世界许多有趣而独特的人。

愿你为想做的事全力以赴，愿你为所爱的人倾情热爱。

愿你有过怦然心动、热泪盈眶，也有过不管不顾、恣意妄为。

总而言之，体验是一生中最宝贵的财富，愿你尝试过这个世界上所有的美好，并以自己的方式经历过波澜壮阔的一生。

可能你会说，我不是不想这么做，我只是在等条件成熟。有时候当条件成熟了，曾经的感觉却不复重来。我曾在文章中问过：在你小时候，有没有为一件东西魂牵梦绕过？

我有。小时候从气味独特的橡皮擦到精制的笔记本，从一条漂亮的裙子到各种明星的签名CD……只有小时候，我才觉得全世界都是宝贝。而长大以后去逛街，即使看到琳琅满目的商品，我也常常觉得什么都不想要。

即使家境富有如亦舒，也有想要却得不到的东西。她小时候去同学家玩，看见同学家里竟然有360种颜色的名牌彩色铅笔。她被深深地震撼了，也想要一套，但家里不给她买。很多年以后，她工作了，也有钱了，但当初那种怦然心动的感觉，却再也没有了。

那种得到梦寐以求的好东西后的幸福感，会因为年纪的增长而越来越淡，直至消失。

当我们还在因为买不起一件衣服而郁郁寡欢的时候，当我们还在为失去一个人而肝肠寸断的时候，我们应该为自己还具备这种能力感到幸运。

当你的味蕾一天天衰老，你最终会老到吃什么都尝不出好滋味；当你的心一天天衰老，你最终会老到对这个世界无动于衷。这个时候，你可能已经存了很多很多的钱，这些钱可以买到各种各样的东西，但你却不能为此感到快乐。

节约的确是一种美德，但牺牲人生体验方式的节约，却是对生命最大的挥霍。

如何避免自己成为一个"杠精"？

"杠精"是近来网络上流行的一个网络语，指的是那些在网络上抬杠成瘾的一类人。这些人不管别人说什么，总是会反驳。他们为了反对而反对，通过反驳别人来凸显自己的优越感。有一次，我就遇到了一个杠精。他以交朋友的名义加了我的微信，我也同意了。可是之后无论我说什么，他总要提出反对意见。

我在朋友圈晒一个餐厅，说今天去了觉得很好。他马上说：我感觉不怎么样。

我写了一篇文章，在文中说自己很懒，因为要搬家觉得很困扰。他优越感满满地回道：你那不是懒，我才是真正的懒人——靠父母奋斗留下的房子，躺着收你们这些勤快人的房租。

　　我对某件事发表一下自己的观点，其他人表示认同，唯独他用一副众人皆醉我独醒的样子说：毒鸡汤！然后稀里哗啦地批评了一通。

　　我十次说话他要反对九次。开始的时候我没理会，直到有一天他当众大肆批判我，我忍无可忍地反驳他，他马上翻脸对我进行人身攻击。于是我建议他把我拉黑。并不是我玻璃心，但谁愿意和一个时时跟自己抬杠的人说话呢？他总想表现自己，错误地把人与人的交流当作一种竞争。

　　不管别人说什么，他总是下意识想我要怎么赢，所以话里话外总是力求打败对方，以证明我比你有品位，我比你有钱，我比你有见识。

　　不可否认，有时候我们都难免犯这样的错误。昨天我晒了一本书中的一页，特地隐去了作者和书名。结果有人看到后在下面回复：我向来不看成功学。另一个人的回复更为犀利：这本书应该拿去当柴烧。我知道，这两个网友并没有恶意，他们只是习惯于直抒胸臆，我以前也常常这样说话。

　　人们习惯于表现自己的与众不同，仅仅因为害怕自己陷于平庸。所以我们在潜意识中，总在努力寻找一些什么，来证明自己与别人是不一样的。我能指出别人看不到的纰漏，我比别人更为挑剔，我比别人有见识……唯有如此，才能在心里肯定自己，嗯，某方面我还是观点独到的，某方面我还是胜过他人的。然而，过分热衷于追求这种自我肯定，正是内心深处的自卑感引发的。

要知道，避免自己陷于平庸的方式，并不是通过语言去挑剔、攻击别人。认同和欣赏别人，这件事不会损害我们的形象，让我们沦为失败者，反而会让我们变得优秀，更受欢迎。

我之前在一篇文章中讲过，好的聊天就是一个不断去异求同的过程，你不需要去关注别人身上那些你不赞同的部分，你只需要去肯定你同意的那部分。比如前文中提到的那位网友，对于我推荐的餐厅，他可以说：真巧，这家餐厅我也去过。这就可以了。至于后半句：我觉得不怎么样！根本没必要说出来。发表和别人对立的观点，有时候是在双方之间制造一种对抗关系。聪明的人和别人交流的时候，会回避这种对抗，第一时间去寻找和对方的共同点：呀，你也是福建人？巧了，我老婆的妹妹的男朋友也是福建人……或者，你是什么星座？天秤座？太好了，我最好的朋友也是天秤座的。

共同点能第一时间拉近双方的心理距离，制造出亲近感。心理学上有一种如何获得别人好感的小技巧，就是不明显地模仿对方的言行。比如和别人见面的时候，不动声色地模仿对方的动作，对方把矿泉水倒进水杯里喝水，你也用水杯喝水。使用对方常用的词汇，比如对方喜欢自称少女，你也顺着她叫她少女。这种模仿能在潜移默化中拉近双方的距离。当然，也不能做得太明显，让对方觉得你太刻意也不好。

初次约会时，情商高的男生在点餐的时候常常会说：我要一份和她一样的。但这并不是因为他对食物没有要求。有时候没有共同点，可以先在细节上制造一些共同点，心理学称之为镜子法则。就是说，人们总会喜欢各方面和自己相似的人。

所以聪明人永远在找相同，努力让别人喜欢自己。杠精们却背道而驰，习惯性地找不同，生怕没有人讨厌自己。

你要知道，在这个世界上，人与人之间本来就千差万别。每个人的经历不同，思想也会不同。你发现了你和别人之间的不同，并没有什么了不起。你总能在不同的人身上找到对方和自己的相同点，那才叫眼光独到。

同样的，你要知道，这个世界上并没有完美的人，你看出别人的失误、纰漏、缺点，并没有什么了不起。你总能发现别人身上的闪光点，那才叫眼光独到。

英雄所见略同，傻瓜所见才各有各的不同。

Part 4

世界复杂，
但依然有应对方法

你需要获得的送礼物技能

　　前一段时间，有个朋友对我说，她给公司楼下门卫阿姨送了一份礼物，因为每次加班到太晚，总需要麻烦阿姨帮忙开门。可是没想到她精心准备的礼物，却被对方退了回来！

　　我问她送了什么礼物，朋友说送的是价值一百多元的镶银木筷子，上面还特意刻了阿姨的名字。

　　我大吃一惊，道：你送门卫阿姨筷子？

　　朋友说：有什么不妥吗？

　　我说：越穷的人越追求礼物的实用性，她平时用的筷子只要2元钱，你给她一百多元钱的筷子，在她眼里也只值2块。就好像有人送我价值100元的进口矿泉水，我也不想收啊！因为我喝农夫山泉只要花2元，对我来说，2元钱的矿泉水和

100元的矿泉水是没有差别的。而且，你这份礼物还有一个问题，你不应该在礼物上刻名字，这样就是断了她可以转送给别人的出路，所以她要退给你。因为她不想为了一份对她来说只值2元钱的礼物，却欠了你一百多块钱的人情。

……

我后来想了想，送礼物真是一种极为重要的社交艺术啊——送礼者如何花最少的钱，实现与收礼者最大的情感沟通。这件事现在很少有人愿意花心思去琢磨了。就比如说我吧，曾经收到过别人寄来的Zippo，还有整条的中华。

送礼的人可能会觉得，反正我花了钱就行了。可是如果礼物不用心的话，同样花了钱，情感价值却打了折扣，其实对送礼者是一种损失。不过我收的这两种礼物还不是最糟的，朋友刚才向我"吐槽"，有人送了她两个沉甸甸的哈密瓜，她千辛万苦地拎回家，打开一看，发现都是坏的，这就太尴尬了。

不喝茶和咖啡的我，经常会收到茶叶和咖啡，还有精制的茶具、咖啡杯。虽说这种礼物可以转送给有用的人，但是无形中还是给收礼者造成了麻烦。特别是过年的时候，亲戚之间互相赠送别人送的但自己不愿意吃的保健品，那转送率高得跟击鼓传花似的，我都怀疑有些礼物在所有人手上转上一圈之后，会转回到最初送的人手上。其实大家都是因为懒得在送礼上花心思。但既然都花了钱，为什么不好好买一些合适的东西呢。

如果你一定要问，什么是合适的礼物呢？以下是我个人关于送礼的一点儿浅见，大家可以参考一下。

·微信红包＞现金＞卡＞实物

微信红包的价值高，这个发现，我在很多人身上验证过。前一阵子，我给我爸妈各发了一个200元的微信红包，他俩顿时眉开眼笑。这是因为微信上的"通货紧缩"造成的，因为平时大家在群里抢到的红包金额特别低，几毛钱已经很让人高兴，抢到几块就跟中大奖一样，抢到十几块简直要窒息，因为很少能抢到大数额的红包，所以反衬出我给的200元特别的大。

但在现实生活中，就算给我妈1000元红包，她也没这么高兴，因为现实中随便什么人给个红包都要上百，而且每个人从小到大收到的红包太多了，人们对待传统红包的方式已经习惯和麻木，所以微信红包的价值就会很高，首先是因为物以稀为贵，其次也是因为微信红包比传统红包更有（晒）炫耀的价值。有时候给朋友送200元钱的小礼物，或花200元请他吃顿饭，其实不如分20次给他发10元的红包。当然，不是所有情况、所有关系都适合直接送钱，具体情形需要大家自己把握。

· 送他舍不得买的东西 > 实用的东西

有时候，每个人都很想拥有一些别人眼中觉得不实用、不符合实际价值的东西。比如我有个朋友很喜欢汽车模型——那些模型的价格动辄就成百上千。他自己也知道，这种东西又贵又不实用，所以他只是想买，并不会真去买，那样会让他产生乱花钱的愧疚感。这个时候，如果有人买来当成礼物送给他，他就能在拥有自己梦寐以求的东西的同时，又不会感到愧疚，当然也会欢喜万分。

所以，当你送礼的预算是2000元的时候，与其讲究实用送对方价值2000元的家用电器，还不如送对方的心头好。对方要是喜欢玩游戏，给他充2000元的点卡；对方如果崇拜某个明星，就送他价值2000元的该名星的演唱会门票。

同时还会有一种帮助对方实现梦想的感觉，何乐而不为呢？

· 给他最在乎的人送礼物 > 送给他礼物

如果你的朋友每天总在谈他的儿子，那么给他儿子买个礼物所带来的效果，要远胜于给你朋友本人礼物。因为那是他最关心的所在。所以就算你给他儿子的礼物不怎么样，他也会觉得很高兴。因为朋友会觉得你也很喜欢、很关心他心爱的儿子。

如果你的朋友是一个非常孝顺的人，你买东西让他带给他父母，你收获到的感激会是双倍的。因为朋友的父母会觉得很高兴，会觉得你这个朋友很棒。而你朋友也很高兴，你重视他在乎的人，是给他面子。

· 花钱支持他的梦想 > 送给他礼物

这个道理是在我本人身上得到验证的。可能很多人都不知道，在所有别人为我花过的钱里，最让我开心的，是我写了文章发表在自己的微信公众号后，收到的读者的打赏；是我出书的时候，亲朋好友愿意自掏腰包来买我的书。这远远要比他们平时送我礼物、请我吃饭有用得多。这不是为了骗大家打赏或买我的书才这么说的。因为这会让我觉得他们尊重和支持我的梦想。

所以我平时看到身边的亲友在微信朋友圈里做微商，不管他们卖的是什么东西，也不管我能不能用上，我都会想办法支持他们一下，因为那是他们当下最重要的事。可能你在现实生活中直接给他10元钱，他一点儿都不高兴。但是当你购买了他的一件商品，让他赚到10元钱，他会很开心、很感动的。

·送穷人实用的东西，那该给有钱人送什么

送不缺钱的人东西，宁愿买便宜品中最贵的，也不要买昂贵品中最便宜的。假如你送价值2万的车给一个人，对方会觉得很Low，2万的车居然也拿来送人。送别人售价2万的手机，对方会觉得珍贵，因为2万的手机很少有人用得起。

总而言之，礼物与商品是有区别的，二者的本质不同在于：礼物不仅仅包括了商品价值本身，还包括了送礼者的心意。最适合的送礼艺术，就是让收礼的人感受到这一点。

赞美是种技术活

之前有位网友问我：为什么我尝试着赞美朋友，效果并不好，甚至还被人说虚伪？

赞美别人，并不是那么简单。每个擅长赞美的人，都具备一项重要的情商，那就是能够敏锐地感知对方的情绪，准确地判断别人的内心需要，精准地把握对方期待获得哪方面的肯定。

不具备这种能力的人，经常夸不到点儿上。比如我们会赞美一个人：你看上去真年轻。对方听了可能很不高兴。他会想：我本来就很年轻啊，你说我看上去很年轻，是在暗指我实际很老了吗？所以对你不了解的人，要慎用"你看上去很年轻"之类的赞美。

每个人都是不同的，赞美的方式当然也不能千篇一律。夸人是一个技术活，需要掌握一定的方法。我在这里为大家总结一下赞美的普遍技巧和规律：

·不要逢人便夸

许多人以为，我去赞美别人总是好的，于是逢人便夸。看到张三夸张三气色好，遇到李四夸李四精神不错，小红最有气质，小玲越来越漂亮。这种逢人就撒糖的夸法，社交意图太过明显，会让人觉得你太过圆滑、浮夸、虚伪。

我也遇到过这类人，认识我的第一天就热烈地赞美我，仿佛相见恨晚。后来每次在社交场合遇见她，总能看见她在赞美遇到的每一个人，而且是用很夸张的语言。此后她再怎么夸我，我都不足为喜，这种派送式的赞美，人手一份，能有多少诚意呢。

即使对同一个人，如果你每天都夸，你说的赞美之词的效果也会被大大削弱，甚至在对方心中形成某种抗体。这个时候，他不但不会感到高兴，还会觉得你缺乏真诚。赞美这件事，其实是重质不重量的。

所以，不要逢人便夸，面对同一个人也不要事无巨细地样样都夸，因为这样会拖累你的信用。只有那些真正让你觉得值得肯定的人和事，你才愿意付出赞美，那样你的赞美才具有效力和含金量。

· 最有力的赞美是雪中送炭

我有个朋友，前两年做生意破产，负债累累。后来，他凭着一颗不服输的心卷土重来，但这个过程并不顺利。当他第二次创业，再次面临重大的危机，甚至牢狱之灾时，他的心情很沮丧，害怕周遭的人会因此看低他、笑话他。

我对他说：能在破产中快速站起来的人就是英雄。我不佩服那些一帆风顺的人，可我佩服你。就算全力以赴之后依然只能得到最坏的结果，可改变不了我的看法。

很多人误会赞美是锦上添花的事，别人表现得好，你才跑去夸他。而我认为，一个人生命中遇到的最能获得力量的赞美，是在自卑和茫然的时期。比起赞美那些春风得意的朋友，我更愿意不遗余力地肯定身在低谷中仍然非常努力的朋友。

· 赞美要符合基本事实

我在之前的一篇文章中说过：如果看到一个人长得好，就夸她漂亮。长得不好，就夸她其他方面的优点。这个套路是为了让赞美符合基本事实。实事求是地赞美别人，是非常重要的。如果你夸一个孤僻的人人缘好，对方不但不会领情，可能还会觉得你是在挖苦他。

之所以会出现这种不恰当的赞美行为，原因有两个，第一是夸人不走心，第二是对人生与人性的刻板印象，事先认定了孤僻是贬义，只有人缘好才值得赞美。其实不是啊，世间万物都有两面性。从某种角度看，优秀的灵魂都是孤独的，平庸的人才会上个厕所都要找个伴儿一起去。所以，每个人都有他的闪光点，你要根据他身上的特质，去正面看待他。比如功利是上进，懒散是淡泊，讲究是追求品位，不讲究是不拘小节，安静就是乖，不乖也许是很聪明。

·好的赞美是由感而发

我之前遇到一个很好的客户，平时合作的时候，大家公事公办，也没有特地多说什么话来赞美她。后来有一天，我遇到了一个"奇葩"客户。我将两个人的行事作风一对照，顿时感触良多。于是，我特地去向这个客户表达感激和赞美：我觉得你对我特别好，当我遇到了不是那么好的客户时，才感觉你像是个天使……

我为什么会有这种感受？是因为每次这个客户没有给我活儿干时，都会跑来郑重地向我解释：我们这次是因为什么原因，所以没有找你，下回一定找你哦……

本来她是金主，怎么花钱是她的自由，她完全没有必要跟我说这么多。但她还是温柔细心地顾及我的感受。比起那些花点儿钱就当自己是大爷的客户，真的是难能可贵。

曾有一个朋友向我感慨他的同学一直以来对他多么关照，他心里是多么感激。我说这些话你对她本人说过吗？他说没有。我说那快去跟她说啊，她听了一定会很开心的。他问我：怎么说？我说：你刚才跟我怎么说的，就跟她怎么说。

有感而发的赞美最能打动人，当你感受到别人的善意，记得及时地把心里的真实想法告诉她，在这件事上没必要太含蓄和不好意思，对方能感受到你的真心。

· 赞美时带上真实的场景或细节

有个网友给我留言：在你的书和《王者荣耀》之间做选择，我宁愿卸载王者荣耀。这样的赞美听起来是不是比直接说我喜欢看你的书更有力度呢？

有一次我在网上表达对生孩子的畏惧，有个男粉丝自告奋勇：如果我是女的，我就去替你生。听起来是不是比直接说鲁西西，我喜欢你！来得更真诚呢？

同样的，当我们赞美一个女生漂亮的时候，直接说你好漂亮，不如说你每次走过来，我们班那些男生都目不转睛地盯着你看；夸一个人文章写得好，与其说你写得真好，不如直接指出：能写出这种句子的人，真叫我望尘莫及；赞美一个人的人品，直接说你好善良，不如说有一回看见你在路上帮快递员捡东西，让我很感动。

直接说你很善良、漂亮，这种赞美显得随意而敷衍。当你把细节说出来的时候，你的赞美就变得具体而有说服力了。

·也取决于发出赞美的人是谁

同样一句赞美的话，不同的人说出来的效果也是不同的。路边的乞丐说你很厉害和马云说你很厉害，你的感受肯定不一样。虽然我们平日所遇之人之间的差距，不会像乞丐与马云那么大，但还是有一定区别的。

比如有个人不识字，他夸我有才华，我会很高兴吗？我比文盲有才华是应该的啊。一个笨蛋猛夸我聪明，我会很高兴吗？我比笨蛋智商高是理所当然的。有时候，自身条件太差的人去夸别人，是没多大效果的。

所以，你付出的赞美能不能让别人高兴地接受，有时候也取决于你的水平和位置。你很优秀，去赞美别人的优秀，对方会觉得：啊，这么优秀的人说我优秀，说明我是真的很优秀。

因此，你要让别人相信你有眼光、有品位，这样一来，你去赞美别人时，对方才会受宠若惊。自己事事平庸，单纯想靠赞美去取悦人，很可能会沦为马屁精。

情商高的人对别人要求比较低

我以前在文章里写过这样的经历：有一阵子，我的人生跌入了低谷。因为关系不合的同事打小报告，我被老板炒了鱿鱼。于是我决定去写作，是我妈给我买了一台电脑，让我可以开始学习，通过一年的努力，我终于成为一名自由撰稿人……写的时候，我没有想太多，只是希望用这样的经历去鼓励像曾经的我那样的、对未来感到迷茫的人。

结果，来势汹汹的评论让我哭笑不得。比如有一位网友是这样回复的：作为一个成年人，你为什么不能先找一份工作？然后一边工作，一边学习呢？你居然还让你妈出钱给你买电脑，你要追求梦想，凭什么自私地让家人为你承受压力？

其实，这位网友的说法也没有毛病。如果我能将努力的过程做得更完美一些，就应该能自力更生、卧薪尝胆，一边打工一边写作，喝着开水配馒头，努力攒够买电脑的钱，然后一天睡四个小时，用业余时间来实现自己的人生梦想。

然而我没有做到，我选择了一条更好走的路——头一年在家白吃白住，让父母出钱给我买电脑。我深以"啃老"为耻，但那对我而言是更好的选择，让我得以投入大量的时间去专注学习，在自己的信心与热情没有被磨灭之前，少走了一些弯路，更早一步靠近了目标。我知道骂我的人可能需要一边工作一边学习，所以，这是我的侥幸。

后来我稿费稳定了，就开始逐月给父母打伙食费，也经常给他们买各种东西。

我深以"啃老"为耻，也指望每个月写点儿小文章，就能一年入账几十万，随手甩几万块给爹娘：拿去环游世界吧！手里有钱的话，做个孝女总是容易一些。所以我在朝赚钱的方向努力，在网络上发表文章，总在文章结尾附上我的公众号或者宣传一下我的新书。这小小的举动也会引起不少读者的愤怒：你怎么可以做广告！把这当成我的道德瑕疵。

其实，他们生气也没有错，作为一个写作者，我应该毫不利己、专门利人，不应该老想着赚钱这种俗气的事。

还有一次，看到一个"富二代"网友为宣传自己的新项目在网络上发帖，有人出来指责他：你还不是靠你爹，你有本事能不能不靠你爹做点儿事出来？

这样的指责有很多。如果你胆敢在网络上抱怨过生日时男朋友没有给你送一支口红，就会有大把的人问你：你是找对象还是卖淫？如果你是一个明星，当灾难发生时，不捐款会被人骂，捐得少也会挨骂，会有很多人问你：你这么有钱，为什么不多捐点儿？

还有一次，一条女生出国遇害的新闻下面，那些评论让我不寒而栗，很多人不表示同情，反而在那里冷嘲热讽：谁让你不在自己的国家好好待着……

有些网友对别人太苛刻了，他们会忘记自己是在要求一个普通人去做一个圣人的选择。严于律人，宽于律己，是人类的通病。想来，我曾经也犯过很多次同样的毛病，而且从不自知。以前在一个撰稿人的群里，有一位熟悉的文友自视过高，隔三岔五就要发表这样的言论："我的文章在中国排名第二——鲁迅第一，我第二。但用不了多久，我就会超越鲁迅。"或者"我这篇文章中故事的情节设置，已经超越了莎士比亚。"他说这类话时，群里的其他人总是一笑置之。

唯独我年少气盛，认为非得将他错误的自我认识纠正过来不可。于是我屡屡与他争执，每每不欢而散。有一次我拉住旁观的文友评理：你说，一个人怎么可以如此目空一切，大放厥词呢？这位文友回答我：鲁西西，人生并不是非黑即白的啊。

当时，我没有明白文友这句话的真意。

很多年以后，我终于懂了：其实道德完美主义是一种执念，要求自己完美是和自己过不去，要求别人完美则是情商低。

如果我们把对别人的道德要求定得过高，会因此容忍不了别人的错误，容忍不了就会导致愤怒。看到别人已经成年却让父母给自己买电脑，会很生气；看见富二代不是像我们一样苦哈哈地从零开始，会很生气；看到有人自我感觉良好，也会很生气……

别人一丁点儿的错误、瑕疵，都会导致自己的愤怒，还觉得自己非要指出来不可，从而导致各种纠纷和争执，自己愤怒不说，也让别人不高兴。

有时候成熟就是开始接受人无完人的现实，知道每个人都有缺点，每个人都有自己的局限，每个人都有做不到的事情。情商高就是容许自己，也容许别人，犯一些无伤根本的错误。

如果再看到别人在朋友圈炫耀、吹嘘……不要那么生气，不要觉得非要批判他不可，谁能做到完美无瑕呢？

我们都会犯错，我们能那么轻易地原谅自己，为什么不能放过别人呢？

讨厌一个人不必说出来

当我开始写社交方面的书，我养成了一个习惯：观察别人的表达方式，也用心感受自己在听到对方所说的话时是什么心情，并将好的、坏的体验总结归类。"推人及己"地学习共情，这种习惯也让我本人受益匪浅：在写这类情商提升的文章时，我也获得了更多的成长。

前几天我遇到一个客户，要给他的产品写篇软文。收到他寄来的产品后，我认真地按说明书试用、拍照、写文案。晚上把稿子交给客户的时候，却被他指责了。他认为我一个下午就把稿子写出来，是对他们公司的不尊重。我当时很惊讶——我写了这么多年的稿子，是第一次听到这种说法。此前合作过的客户，都一致认为作者交稿快是一种敬业。

而对于稿件的审美，对方与我也有很大的分歧。他觉得好的软文要像时尚杂志那样，用词典雅、行文流畅，给人一种高极感。但在我看来那种高高在上的专家口吻，并不符合网络传播的特点。

我有意回避生僻难懂的字句，在他看来是写得不够好，他张口就说："我同事说了，（你写的）这种稿子，他随便就能写出一打。"语气非常傲慢。

这位客户是别人介绍的，第一次合作，早知道他这么难搞，我一开始就拒绝跟他合作了。我之所以转行做自由职业，就是为了不想干啥就不干啥，不想跟谁打交道就不跟谁打交道。

总而言之，我当时在微信上看到他说的那些话，心里就涌现了一行行强势回应的话，比如：别的工作需要慢工出细活，但写文章是需要一气呵成的，那种像挤牙膏似的一句一句慢慢磨、两千字写几天的，并不是因为写得认真，而是因为他拖延或不太会写。还有，既然你同事这么厉害，叫他自己写好了，为什么还要找我呢？

我脑补了上千字怼他的话。结果呢，我沉默了几分钟，回复的话却变成了这样：好的，你想要什么样的，我都可以写出来给你，我只是希望这次合作能达到最好的效果。

这种转变，不是我对金钱的臣服，而是我在几分钟之内完成了一次自我反省——我问自己，我觉得不吐不快的那些话，能改变和说服他吗？显然是不能的。既然说出来也不能对别人产生实际作用，单纯地泄愤毫无意义，因为那样只会引起双方的争论。但我是来和对方抬杠，以向他证明自己是正确的吗？当然不是，我只是来工作的，而他怎样认为我根本不在乎。

其实，我当时心里很想不再跟他合作下去。但这时候撂挑子，显得我任性、不够专业。他情商低、不专业是他的事，我不能因为别人的情商低、不专业，也降低自己的水准。这么一想，我就选择用理性的方式对待他。

按照他认为好的方式写给他，拿到酬劳后，说声谢谢，然后不再跟他合作。

尽管在整个合作的过程中，他口无遮拦地说过很多无礼的话，但我一字未评，一句没怼。并不是我变虚伪了，也不是怕不做他的单会没钱赚。而是因为我已经对人际关系有了更深的认识：他和我只是在暂时的工作中产生了交集，合作得不开心，最多下次不跟他合作了。我也没必要在不相干的人身上浪费唇舌。这样的人，将来自会有人教育他。

宋美龄很讨厌丘吉尔，因为他对中国不够友好，所以宋屡次拒绝见他。后来有一次，她和丘吉尔在开罗会议上狭路相逢，丘吉尔问宋美龄：委员长夫人，在你的印象里，我是一个很坏的老头子吧?

　　这是个刁钻的问题，宋美龄要是回答对方是好人，就显得太虚伪；要是回答对方是坏人，又显得很无礼。于是她机智地把皮球踢了回去：请问你自己怎么看? 丘吉尔说：我自认为我不是个坏人。宋美龄回答：那就好。

　　蒋介石特地将这段话记在日记里，他认为这展现了宋美龄的外交智慧，既不违反外交礼仪，也没有违背自己的内心。

　　亦舒说：如果你真的生他的气，那么表面上要愈加客气，不要露出来，不要给他机会防范你，吃明亏。我觉得要我对自己正在生气的人太客气，我根本做不到。我要是有那种左右逢源的本领，也没必要天天辛苦做码字工，早就去做交际花了。但是，她说的有一点很可取，我们没必要去对一个人坦白自己有多讨厌他。毕竟萍水相逢，又没人逼我们与其结婚、共度一生。

　　毕竟，惹不起总还躲得起嘛!

如何让别人成为你命中的贵人？

　　我有个亲戚，在社交方面是一把好手。他有一种天赋，很擅长与有钱、有地位的人一见如故。总是有各种老板、会长，不嫌弃他身份卑微，愿意与他称兄道弟。当然，他也乐得这样，虽然总是做别人的小兄弟。

　　比如大哥们打麻将三缺一，就打电话召唤他；去KTV喝酒唱歌时气氛不活跃，也会打电话召唤他。甚至，一个大哥的儿子想去郊游，他也殷勤地送自己的儿子过去伴游。这鞍前马后的招待不可谓不用心。他长得帅，嘴又甜，大佬们都很喜欢他，愿意带他玩。

　　然而他做小弟这么多年，结识过那么多权贵，却没有一个大哥把他拉上成功的康庄大道。现如今，他年届四十，仍然是别人的小兄弟。

为什么？他不是有很多人脉吗？

其实很多人不明白，在结交人脉与被人脉帮助之间，还有一段路要走。我在这里给大家总结一下，那些在事业上总是能获得贵人相助的人都有哪些特点。

我之前说过：所谓人脉，本质就是交换。要让对方也视你为人脉，你们的互利关系才能建立起来。想要利用别人的人，你首先要想自己有什么可以被人利用的地方。你自己没什么用，还想用别人？你当那些被你视为人脉的人傻啊？

但有一种情况是例外，也有人虽然眼前没钱没资源，可是别人仍然很乐意帮助他。

我有一个朋友就是这样的，他虽然资产是负数，但是总有人追着要给他投资。他有阵子出了点儿纰漏，惹上了官司，结果有个有权有势的朋友，为他四处奔波，替他摆平了一切。

为什么？

虽然他此刻没有太大的利用价值，但是将来会有用啊——他在某个领域是不可多得的人才。一个未来会有无限可能的人，哪怕身处逆境，也能吸引别人纷纷施以援手。因为很多人都相信，去帮助一个很可能成功的人，是一项人脉上的重要投资。

在这个功利的社会，你就不要盲目乐观地寄希望于别人的助人为乐上了。每个人都会在心里默默考量，自己在一件事情上付出的金钱、时间、精力，能获得多少的回报率，在人际关系上也是。

所以，想要获得贵人的提携，你首先得表现得像支潜力股。那么，我们要怎样才能表现得像潜力股呢？

·确实有两把刷子，在某方面才能过人。你看上去万事俱备，只欠东风，那么别人就非常乐意做顺水人情，推你一把。成功的话，先不说回报他，至少能让帮你的人也有点儿成就感。如果你是滩烂泥，和他关系再好又有什么用呢？摆明了在帮助你这件事上，付出是个无底洞，前途茫茫，永远看不到未来。

·理想远大，对自己信心满满。如果你自己都没有理想，成功的人是不会主动跑来对你说：喂，我很想帮你争取到奥斯卡金像奖。你自己都不想，别人怎么可能帮你操这份儿心呢？第二点更简单，如果你对自己没信心，别人怎么可能相信你会成功？

·你真的很努力。有时候，有些人可能天赋不足，但做每一件事都会全力以赴。这样的人也会获得别人的尊重和帮助，因为大多数比你成功的人，无不是历尽挫折、辛苦，付出过人的努力才走到今天的，他们也乐于看到像自己一样努力的人获得成功。

　　我以前曾在文章中提到过，我有个朋友，主动辞掉了公务员的职位，开餐厅自主创业。虽然屡战屡败，但每当他遇到挫折的时候，都有人愿意借钱给他渡过难关。事实上，当初大家都不敢确定，他将来会不会成功，但人们会被他那种拼命三郎、永不放弃的精神所打动，因而愿意成全他的梦想。

　　·你的人品还不错。因为一个人的人品能成为一种信用，是你对那些有能力帮助你的人的保证。别人怎么知道帮你强大了，你会不会恩将仇报、翻脸不认人呢？任何一个人如果你在待人接物方面欠缺情商，或者在对待没有利益关系的人时充满不屑，都会被视为不值得帮助。

　　所以，一个总能获得贵人相助的人，他们身上往往具备这些素质：有潜力、有野心、肯吃苦、会感恩。仅仅具备会结交人脉这项能力，是不足以获得成就的。如果你自身素质不够，即使认识再多的成功人士，也只不过会沦为跟班而已。

Part 5

先理解自己，
才有办法了解世界

你喜欢，倒不如我喜欢

有一次遇到一个朋友，问我这样一个问题：在微信朋友圈发什么能让别人喜欢？

对于这个问题，我是这么认为的：

首先，我们要有这样的认识，无论发什么，都不可能让所有人喜欢。因为人和人的区别，比人和狗的区别还要大。正所谓"甲之熊掌，乙之砒霜"。比如有很多网友会喊我荐书，为了方便大家，我有时也会顺手把正在看的书拍张照片发到朋友圈。结果不止一次被认识的朋友说：你就是想炫耀。

我没有去解释和反驳。我觉得有时候一个人想与这个世界和平共处、温柔相待，就要学会接受自己的不完美，承认自己是个有不少缺点的人——即使有些缺点是别人的误会。

朋友说我炫耀，我没有必要反唇相讥：一个人觉得别人炫耀什么，正说明他内心缺乏什么。即使有反驳别人的能力，但这么较真既没意思也不可爱。

这本来就是一个充满误解的世界，试图让所有人懂得你、了解你，未免也太为难自己了。就好像一个榴莲试图去说服那些认为自己臭的人自己是香的，没必要吧？

自己偶尔承担一下炫耀的罪名是无伤大雅的。即使自己在"晒"书这件事上没炫耀，不代表自己在其他方面也没炫耀。只要是人就有虚荣心，这是人性使然，为什么急于向旁人证明自己没人性呢？

人生在世，要想活得自在，首先就不能太有"偶像包袱"。只要不影响升职、加薪、结婚、生子这样的人生大事，人要批评就让他批评，又不会少块肉。

甚至可以在别人开口之前，时不时主动展开自我批评。是的，我有时候也很虚荣，也会想炫耀，那又怎样呢？同时我也自律、好学、上进，我就是由这些缺点和优点构成的啊。

虽然我们在生活中难免会美化自己，但是没必要为了讨好所有人，而远离真实的自己。不要为了让所有人喜欢而伪装自己，明明是一只榴莲，却要化妆成苹果的模样，那样即使有人喜欢你，也不是喜欢真正的你，同时还会失去那些可能真正喜欢你的人。

你不需要假装很有钱，去买你不堪负荷的奢侈品；不需要假装有品位，去看你欣赏不来的名著；不需要为了显示自己的学问深度，去谈论一个你不感兴趣的话题；更不需要为了美化自己的微信朋友圈，而假装生活在别处。

你应该展示你生命中真正的感动和喜悦，它们会让你与真正懂得的灵魂相遇。有一次，有一个网友来加我，按世俗的评判标准，他的朋友圈很Low——他晒他吃的牛肉面、擦的皮鞋、在看的《故事会》……但我觉得他特别亲切，我平时就爱看别人在朋友圈里展示吃吃喝喝，于是就和他聊了一下《故事会》。

我说：看到你晒《故事会》，我小时候最喜欢看《故事会》了。

他说：我也是，我还去买了《故事会》后面小广告里宣传的扇子。

我说：对啊，对啊！我也有买过，我还买了碳精画的教材，学了一段时间画人像。

……

我们就《故事会》这个话题，一聊如故。

如果这个网友晒的书是《资治通鉴》，可能会收获朋友圈的赞叹，但可能很难有人私下找他聊，就算有，如果那不是他真正喜欢的书，聊起来可能也没有那么开心。

比起某些人看起来完美到无懈可击的朋友圈，我更喜欢那个"晒"《故事会》的人。后来，我又了解到这位晒牛肉面的朋友，其现实生活要比大多数人精彩得多——一个真正的牛人，是不需要时时在朋友圈强调的。

我在微信朋友圈里晒的最多的就是我吃过的、做过的各种美食，这是我喜欢且满意的生活。如果有人因此觉得我贪吃或炫耀，我也并不在乎。因为和我有一样喜好的朋友，看了肯定会觉得高兴。

曾经有个网友在我的公众号后台对我说：我很喜欢你的文章，但我从来不敢转发到朋友圈，因为我不好意思让别人知道我在看这么感性文章。

可是，你们不觉得一个感性的男生也很迷人吗？请不要掩饰真实的自己。

当然，凡事都要有个度，也有些人在朋友圈过于"释放真我"，完全不顾及别人的感受，太不讲究方式也是不对的。

比如有一次有个男艺术家朋友发了一个朋友圈，竟然是他各种角度的裸照，吓得我差点儿把手机掉地上。天哪，你要搞行为艺术也得分场合吧！朋友圈那么多纯洁的妇女儿童，你顾及一下我们的感受好吗？要是有八块腹肌，我也就忍了。可那臃肿变形的身材也好意思展示出来？差评！

先搞定自己的情绪，才有办法搞定别人

　　我之前工作的网站，有一条315维权热线，是专门用来帮助那些投诉无门的消费者的。因为曝光了一些不法商家，接热线的同事经常在电话里遭到那些商家的责骂。

　　我经常看到她在电话里和对方吵得面红耳赤。有一次，我看她被电话那一头骂到快要情绪失控了，就主动把挨骂的角色揽了过来。当我把电话接过来，电话那一端的人正怒气冲冲、劈头盖脸地狂骂着，比如"你死了吗，怎么不说话了""你是不是傻"……反正各种难听的话都有。

　　我当时以不变应万变。不管对方说什么，侮辱也好、指责也好、诽谤也罢，完全不为所动，一边对着电脑刷着网页，一边任由对方在电话里喧哗。等电话那端暂时告一段落后，我才不紧不慢地答一句："好的，好的。"或者"你反馈的问题，我们会考虑的。""你还有什么要说的吗……"几个回合后对方无计可施，就偃旗息鼓，主动把电话挂了。

后来那个负责接听热线的同事，每每接到难缠的电话，便直接把电话转到我这里来，因为她每次和陌生人吵一架，就会伤筋动骨，被气得不行，而我却总能毫发无伤。所以当时大家都夸我情商高，一开始，我也是这么以为的。

直到某一段时间，我不知不觉地变得暴躁了，开始一言不合就和同事、客户吵架。别说对方骂我了，就连在QQ上多使用几次抖动功能，我都会不高兴。

那个时候，我一方面觉得将情绪表达出来是必要的，但另一方面我也开始反思，为什么我会变得这么容易生气，要知道以前无论陌生人骂得多难听，我都不会生气的。我很快就找到了答案。并不是我以前情商高，现在情商低，而是之前我的工作很闲，境遇很顺，所以内心的防御无比强大。别人的态度、言论根本无法左右我的情绪。

而脾气不好的那段时间，我太忙、太累，诸事不顺，缺乏和别人沟通的耐心。有那么多事要做，总想着要在第一时间解决问题，好去忙别的，结果导致急火攻心，越忙越乱。

总而言之，一个人的境遇和心情，是可以影响他对别人和世界的态度的。

发现问题的根源后，我刻意削减了自己的工作量，也从此不敢再轻易断言一个不熟的人的情商是高还是低了。因为有时候一个人脾气暴躁，可能只是因为他当时诸事不顺；而一个人和风细雨，也可能只是因为他刚好心情不错。

拿养尊处优的富二代去跟身处"水深火热"中的劳动人民比情商，本身就不公平。你可以想象一下，你要是一天到晚什么也不用干，天天数钞票，脸上也一定会洋溢着真诚的笑，别人骂你两句，你可能还觉得好有趣呢。

平时我们总在说情商，很多人并不了解情商到底指的是什么。因为时下市面上很多书的名字都是"情商高就是会沟通""情商高就是会说话"之类的，这就给我们带来误导，以为情商就表现在人际关系上。

其实情商是由五个部分构成的：认识自身的情绪；管理自身的情绪；自我激励；识别他人的情绪；处理人际关系。这是一个由内到外的能力。认识自己的情绪、管理自己的情绪、自我激励，这三点是高情商的基础。一个满肚子怨气和怒火的人，怎么可能去识别他人的情绪，并努力处理好与他人的人际关系呢？

就像我前文中说的，能不能和别人心平气和地交流，并不完全取决于我所拥有的关于情商的知识和技巧，更重要的是我当下处于怎样的心境。大多数人也是这样。所以情商高，最重要的一点是学会管理自己的情绪。首先你要知道自己正在生气，然后才能分析出自己为什么会生气，最后才能采取相应的措施去解决情绪问题。

有人可能会说：心情不好就是心情不好，有什么办法可以解决呢？

大多数时候，我们的心情不好都是有原因的。比如我有个女同事曾跟我说：今天是妇女节，我男朋友只给我发了20元的红包。我很生气，和他大吵了一架。她男朋友也很生气，可能也会和别人抱怨：我今天发个20元的红包给女朋友，她却对我破口大骂，简直无理取闹啊，她眼里就只有钱吗？

事实上，女同事是因为男友只发了20元的红包，觉得自己不被重视，因为某种期待的落空而失望、生气。但是她没有把产生这种情绪的原因反馈给她男朋友，所以两人才会发生争吵。

所以正确的方法是去分析自己的情绪因何而来。比如你一早就看到小红的男朋友给她发了520元，你跟小红又是闺蜜，平时她总喜欢在你面前秀恩爱，这会儿又一直在问你，你男朋友给你发了多少钱的红包啊？所以一想到男朋友才发了20元，就觉得自己被比下去了，顿时急火攻心。

你先把自己生气的心路历程弄明白，然后再和男朋友进行一次完整的沟通，告诉他，你为什么会这么生气，这比一上来就骂他是小气鬼要好得多。

另一方面，知道了自己为什么要生气，你就可以对症下药，自己开解自己了：人与人是不同的，没什么好比的，虽然我男朋友只发了20元的红包，但是他其他方面的优点很多啊！比如他很勤快，做饭好吃得不得了……每个人都不可能面面俱到，想到他的优点和对你好的地方，你的气自然就消了。当然，要是你连你男朋友的一个优点都想不出来，还是直接分手比较好。

一句话，先搞定自己的情绪，才有办法搞定别人。

怕欠人情是人际关系的硬伤

我曾在《读者》杂志上看过这样一个故事：

一个犹太家族在二战期间面临生死危机，全家人经过慎重考虑，认为有两个人可能会帮助他们。一位是一个德国的木材商，他曾对这位犹太家族有恩；另一位是一个德国银行家，犹太人曾帮助过他。于是这个犹太家族分成两队，一队前往投靠木材商，另一队去求助于银行家。结果，投靠木材商的这队人，被保护得很好；而去求助银行家的人，却被银行家出卖了。

故事的最后说：帮助你的人会愿意继续帮助你，而你帮助过的人却未必愿意帮你。

人们在面对帮助过自己的人时，常常会感觉到某种压力，这种压力会让他们选择疏远、冷淡自己的恩人。曾经有个心理调查显示，中国人要比其他国家的人更不喜欢背负人的恩情。这就导致很多国人不愿意直接承认别人对自己的帮助。仿佛承认别人帮过自己，就会使自己在对方面前低一等。

为了逃避亏欠感，有些人习惯性地拒绝别人对自己的帮助，或者明明因为别人的帮助而大获收益，却在受助后若无其事，好像什么事也没发生过。

这是个非常不好的习惯，拒绝别人的帮助，其实是拒绝别人对你产生好感的机会。抹杀别人的帮助，会令为你提供帮助的人心寒，不愿意再提供帮助。

我们在人际交往中，需要纠正这种心理，就是我们要学会喜欢、亲近那些帮助过自己的人，并能够正面肯定别人的帮助。有时候一句感恩的话，并不会给你带来什么损失，也不会影响你的优秀，却能让帮助过你的人觉得当初的行为是值得的。

很久以前，我在网上认识了一个网友，她的帖子写得很不错，我热心建议她给期刊投稿，私下里分享了很多经验给她，并且给她介绍了很多编辑，之后她照着我的建议去做了，很快就进入了这个圈子，并取得了不错的成绩。

可以说，我是她在写作路上给予帮助最大的人之一，我从未要求过她的报答，她也没有表示过。直到有一天，她出版了自己的第一本书，很高兴地告诉我书商给她发了50本样书，我当时就想，我和她关系这么好，这50本书里一定有我一本吧。

结果她只把书送给了她现实中的同事和朋友，根本没有我。这个细节让我很失望，当然，我的失望并不是因为书本身，而是因为我发觉我在她的朋友圈中连前50名都排不上。

去年我出书的时候，她跑来向我要，我寄了一本给她。我们仍然是朋友，但我心里知道，我已经开始对她疏远，不再像以前一样毫无保留了。

还有一个朋友，是个知名作家。有一天他跑来找我，说：我最近出了一本新书，能不能在你们网站上发个新闻通稿？我不假思索地答应了，这只不过是举手之劳而已，他却很认真地致谢：谢谢，你把地址给我吧，我给你寄本书。

结果书寄过来一看，还多送了一本精装版的佛经。我很高兴，每次他出新书，我都帮他发软文，还帮他介绍其他杂志的宣传途径。难道只是因为他送了我一本书吗？谁会差一本书呢？我是觉得你对别人好，对方能感受到你在对他好，这一点很重要。

我和这个朋友平时交流不多，但是我们之间却建立了很好的互助关系。我经营自己的微信开公众号，他很热心地跑来说：鲁西西，我用我的公众号帮你转发一个吧。我发新书，他主动说：我在我的平台上帮你宣传下吧。我也给他寄了书和钢笔表示感谢。

与他所提供的帮助相比，我受益更大的是他的高情商给我带来的启发。他真的是一个很懂得如何让别人乐意帮助他的人。

其实有时候，帮助过你的人未必非要你提供多少物质的报答，一句简单的感谢和肯定就能让对方知道，你懂得且愿意承他的情，对方就已经深感欣慰了。

所以，从现在开始，我们要学习这件很重要的事：愿意接受别人的帮助，"看得见"别人对自己的帮助，并能及时地去向对方当面承认和感谢。

其实很多人也"看得见"，只是羞于当面向别人表达感激。比如有个网友在我面前提起他的朋友对他有多么关照，他心里是多么感激。我问他：这些话你对她本人说过吗？他说没有。我说：那你应该找她本人再说一遍。

前一段时间，我对《人之初》杂志的编辑说：你是我写作生涯中，给我帮助最大的编辑。在我还是新手的时候，你那么友好、耐心地指导我，让我得以在你们的杂志上发了那么多稿件。在我写作初期，要不是你们杂志的稿酬将我从捉襟见肘的窘迫里拯救出来，我不知道当时有没有办法坚持下来。

还有，前几天我的另一个编辑给了我一些建议，但我没有采纳。他有些不悦地感叹：鲁西西，你还是那么任性。我回答：我知道你关照我，即使我这么任性，你仍然愿意不计回报地给我建议，我是知道并且很感激你的。我这么一说，他的心情就好多了。

我们对别人表示感激，应该采取郑重而大方的态度，不要觉得不好意思，不要以为承受别人的恩情就会低人一等。

有很多人因怕欠人情，不喜欢接受别人的帮助，或者不肯承认别人的帮助，这样做也是错的。帮助过你的人会更喜欢你，所以不要怕欠人情。让更多人喜欢的方法就是让自己有机会多欠一点儿人情，然后慢慢还。

我这样说，不是让你们随便去找不熟的人帮你的忙，而是说应该在别人愿意主动帮助你的时候，即使只是小恩小惠，也不妨大方地接受。比如我们中国人总喜欢习惯性地客气，别人递给你一个橘子，我们会说不用不用。邻居帮你拎一点儿东西，我们也说不用不用。其实正确的做法是开开心心地接受并致谢，即使自己不是那么想吃，也不那么需要别人帮忙拎。接受了别人的善意，下次我们再还他一个苹果，或帮她做点儿小事，相互之间的友好就建立起来了。

让别人无法拒绝你，只要做到这一点

我刚刚从事自由撰稿人这个行当时，我曾想给一家杂志写稿，那家杂志的名字叫《今古传奇·故事版》，当时在业内颇有地位，光是故事版，一个月就发行上、中、下三期。这就是说，如果这家杂志能接受我的稿件，以他们的用稿量，每个月都可以帮我消化不少故事的库存。

所以，我就找来这家杂志的投稿邮箱，试着给一位编辑投了一篇稿件，结果没过多久就被编辑退稿了。过了一阵子，我又给他投了另一篇，又被退稿了，后来我又投了第三篇，还是被退稿了。

我熟悉这家杂志的工作流程，杂志的编辑每天要看上百篇投稿，他们每个月要从海量的投稿中，选出十多篇觉得主编可能满意的稿件，等通过后才拿给上一级进行二审、终审。在这种情况下，一个编辑如果多次把一个作者的文章拿去给主编审核，却屡投屡退，这个编辑可能会对那个作者的稿子失去信心，以后就不再选他的稿子送审了。因为每个编辑送审稿件的数量是有上限的，总是送审不过会降低编辑当月过审的概率，影响他们的奖金——编辑是靠过稿量考核绩效的。

所以对这类作者，编辑会在心里把你的稿子拉入黑名单。一看到你写的稿子，他看也不看，甚至有些编辑，看到他觉得水平差太多的作者的稿件连打开都不打开。毕竟他一天要看的稿子那么多。

有时候，一个杂志每月百分之八十以上的发稿量是由老作者贡献的。一个新手作者想从零突破是一件有难度的事。特别是像我这样在新手期被连着退了好几篇，很有被编辑在心里拉黑的风险。

我想挣扎一下，给这位编辑写了一封邮件：×编辑，你好。我是鲁西西，我是一名全职作者，我之前在《×故事》上已发表了××篇作品。我目前最大的目标，就是与贵杂志建立长期的合作关系。很感谢你耐心地指出我稿件中的不足。我会认真按照你教的方法，与贵刊继续磨合。而且，我是一定要上你们家杂志的，上不了我就一直写下去，我是永远不会放弃的。也请你不要放弃我。

此后，虽然我的稿子总也没有通过，但是编辑每次都认真给我回复意见。我是在被毙掉二十多篇稿件后，才成功在这家杂志上发表文章的，因为磨合期与编辑的沟通很充分，对他们杂志的风格也把握到位，后来稿子就很少被毙了。

很多人有这样的误会，以为要获得别人的帮助，就应该和对方多交流沟通，以便培养感情，于是天天拉着编辑侃大山，对他们各种嘘寒问暖。如果对方和你志趣相投还好，否则只能是吃力不讨好，适得其反。

我们面对有利益关系的合作方时，有共同语言就多聊两句，话不投机就不要多说。你怀着什么样的目的和他聊天，对方心里一般是很清楚的。所以我们在表达上不必那么含蓄、迂回，直奔主题也可以收到好效果。

现在回想，我写邮件那会儿，并没有想那么多。现在拿出来一看，我的确是围绕编辑的心理需求来写的。

首先，我告诉他我是全职作者，并且已经在同类杂志上发表过多篇文章。这是在展示实力，让对方知道我是种子选手，我和那些瞎写、瞎投的"小白"是不一样的，我目前没过稿，只是因为我还没把握好杂志的风格。

其次，我明确了自己的目标：我想和他们进行长期合作。

这点是让编辑知道，我一旦上路，会给他长期供稿，他能从对我的帮助（投资）中获得更大的利益，而不是他花大把力气教会我，最后我只给他写一篇。

最后，我表明了巨大的决心和自信。因为很多作者是打一枪换一个地方，屡投不中就半途而废，所以编辑自然也不想在他们身上白花力气，我要让他相信他帮助我一定会有结果，这一点也很重要。

寻求帮助不需要一味地讨好对方，重要的是要掌握对方的心理需求，进行精准"打击"。你觉得你天天夸编辑，拍他马屁，他就会拿你的稿子去送审了？不不不，这份工作和他本身的利益挂钩，他真正在意的，是怎样发掘到更好的作者。

我们在请别人帮忙的时候，首先应该问的不是对方能不能帮我？对方能帮我获得多少好处？而是对方为什么要帮我？通过帮助我对方能获得多少好处？

如果你能想清楚后者，让别人帮助你就不是一件很难的事了。

所以我们在请求帮助时，永远不应该忘记带上对方的利益。举个简单的例子，如果想让别人帮忙投票，带上对方的利益可以有下几种表述法：

· Hi，你能帮我投个票吗？我马上就要超过第一名了，如果拿到第一名我就请大家吃饭。（利益许诺型。）

·Hi，你能帮我投个票吗？麻烦你实在不好意思，给你发个小红包吧。（利益直接兑现型。）

·Hi，你能帮我投个票吗？下次你有什么需要投票的，一定要记得找我啊。（利益交换型。）

而不是仅仅说：Hi，你能帮我投个票吗？前半句仅仅是你在乎的，可关别人什么事啊？

当然，以上我只是举个例子，大家在实际操作中应该有所变通，比如我想拓展一个新的自媒体平台，却苦于没有内容。我想起一个朋友可以为我提供内容。如果我直接找他，说：我想做××，你能给我提供内容吗？对方肯定会想：我凭什么要帮你？

要改变求助的表述方式，比如我可以这样说：我们一起来做一个新的自媒体平台，好吗？你负责做什么，而我负责做什么，你将从中获得哪些利益……

学会将一个只对自己有利的求助，转换成对双方都有利的事，是求助成功的关键。每一个希望获得别人帮助的人，如果只想着自己利益，不考虑别人的利益，都是在耍流氓。

有时候，你可以利用别人的好心，或依仗彼此的交情，耍一两次流氓，但是时间长了，肯定就玩不转了。别人只会对你避之唯恐不及。

推荐大家看看胡雪岩的传记，红顶商人胡雪岩之所以生意做得好，最重要的原因就是每当赚到一笔钱时，他都会非常慷慨地把利益分给每一个帮助他赚到这笔钱的人，甚至愿意让别人拿大头，自己只拿小头。

这样一来，每一个认识他的人无不绞尽脑汁、想方设法地考虑要怎样帮他。因为他非常聪明地让身边所有人都坚定地相信，帮助他赚钱是一种绝对的共赢。

虽然他每次赚钱拿得少，但是帮他的人多了，获得的机会也就多了，逐渐的积累让他赚得盆满钵满。

还有一些人觉得想要获得别人的帮助是想不劳而获。这其实是一种误解，学习获得别人的帮助的方法，是为了我们在努力的过程中能借力打力，以便事半功倍；也是为了让我们有能力和机会回馈别人。毕竟，大家好，才是真的好啊。

我们还没那么熟

在网络时代，交浅言深是我们在社交过程中常常会出现的情况，即你跟一个与你交情尚浅的人，去交流需要更深的交情才能说的话题，是不恰当的。人与人之间需要适当的距离，来维持安全感和舒适感。

就像我们不会主动去拉一个刚认识的朋友的手，因为我们知道这是一种冒犯。但是在网络环境中，对于心理距离的轻率逼近所造成的不适感，却常常会被我们无视。与不熟的人交流，我们需注意这几点：

·不要和刚认识的人说别人的坏话

在刚认识的人面前说别人的坏话，会将对方置于非常尴尬的境地。因为这种情况下，通常会造成三种结果：

一种是你吐槽的人正好也是对方不喜欢的。但他觉得和你不熟，所以不会轻易表露自己的态度。他会觉得你是个大嘴巴，要和你说了实话，估计会被满世界乱传。所以即使他认可你的说法，也只会不置可否，更别说他不赞同你说的了。

第二种是他对你"吐槽"的人印象不好也不坏。你在他面前说别人的坏话，这让他如何表态呢？不附和你吧，尴尬。附和你吧，等于变相站队了。他还没准备为自己多树一个敌人呢。

最惨的是第三种。之前，我有个同学去见客户，聊天过程中客户听说她家是某地的，就高兴地问了一句：那谁谁你认识吗？女生一拍大腿：呀，太认识了。她正愁没话题和客户套近乎呢，于是掏心掏肺地大讲特讲起来：他们一家在我们当地是个笑柄，他妈妈……为了取悦客户，她努力搜罗了记忆中那一家人的陈年丑闻，讲完才提一句，您怎么也认识他？客户冷冷地说：他是我老公。

· 别随便逮着谁都想做媒

之前有个福州的网友私信我，一开口就是我想把我的好朋友介绍给你，他在××上班……

我当时客气地拒绝了。

隔了一年，他又给我发了邮件，锲而不舍地旧话重提：你现在要我介绍对象吗？我说不需要……说到这里还好，结果他咄咄逼人地来了句：周末晚上没出去，还在玩微信，还好意思说不需要？

这就是典型的自恃一腔热情，侵犯别人的空间。首先，你对别人的情况完全不了解，你不知道别人到底是有对象，还是独身主义，上来就不分青红皂白要给人做媒。怀着一种理所当然的态度，除了知道对方是女的，其余的啥都不知道，就不管三七二十一地推荐一男的，你当给动物配种啊？

另一方面，主动给别人做媒所表达的潜台词是：我觉得你在择偶方面比较困难，需要我帮忙。也许大家觉得这是好心，当事人没必要这么玻璃心。那么我们来换个角度试试，如果我们逮着一个不熟的人就说：我很想介绍你去整容。或者，我想给你推荐个医生，你去把你的塌鼻子垫一垫吧。你可能也是好心啊，但对方会怎么想呢？

所以，有些帮助是不可强行热心的，尤其是对于交情尚浅的人，除非对方提出了明确的需求。

·不要和不熟的人乱开玩笑

现实生活中常常有这样的情况，有些人为了调节气氛，会拿别人开涮，结果那些当事人觉得无伤大雅的玩笑，却让对方大动肝火。

开玩笑的人觉得很冤，我没有恶意啊，我只不过管他叫了声姐姐呀，对方怎么这么小心眼呢？可是你并不了解对方，或许他上次分手的原因，就是被女朋友嫌弃不够男人。或许他从小一直被同学嘲笑娘娘腔，留下了很深的童年阴影。然后你在大庭广众之下喊他姐，刚好刺到了他的痛处。

还有一种情况是：你看到有人在开某位同事的玩笑，他没有生气。你以为你也可以对他开这样的玩笑，然而你和他并没这么熟，你开同样的玩笑的时候，就会得罪他。每个人能接受的玩笑的尺度是不一样的，而且会因为对方的不同而不同。

还有，像我这样会自嘲的人，许多人看我自嘲之后，会拿我平时自嘲的缺点来开我的玩笑。其实这种情况有时候也可能会得罪对方。比如有人对你说，我被自己蠢哭了。你要是当真了，也直接跟着说：像你这么蠢的人……对方很可能会不高兴。因为有些话用来自嘲可以，但是让别人"嘲"，性质就不一样了。自嘲可能只代表谦虚，别人跟着讲就等于坐实了。

· 不要刚认识就聊深入的话题

月薪多少、交过几个男朋友、身高多少、体重多少，这类问题不要随便问，有时候对方会觉得我们还没熟到谈隐私的地步。

并不是你不问别人就可以，有时候你向不熟的人说自己太私密的话题也是一种冒犯。比如一认识就说自己的隐私：你与家人的矛盾，你的床笫之欢，你不堪回首的过去，等等。你以为你是在向别人敞开心扉，但对方不一定会这样觉得，他可能对你不感兴趣，甚至可能觉得你是精神上的暴露狂。

以前有个外部门的男同事，加上我的QQ之后，我们聊了两次。好几年之后，他看了我的文章，突然在QQ上发来一句：你寂寞吗？

我知道他并没恶意，但是这个问题还是引起了我的不悦，因为这不是一个不熟的异性同事可以聊的话题。

类似于"你对你现在的感情状况满意吗？""你有童年阴影吗？""你恨你的父母吗？"这样的问题都不适合跟刚认识的朋友谈，因为对方还没打算向你敞开心扉呢。

可能有人会说，本来就因为不熟不知道聊什么，如果这也不让聊，那也不让聊，不就更没话说了吗？当然不是的，这种情况下，可以聊些公共性的话题，比如食物、所在城市、天气、音乐、热门新闻、星座、旅行、电影、书籍、明星八卦、节日，等等。

为何别人一见如故，而你却总在尬聊？

有时候一群阅历、视野、年纪截然不同的人，会因为种种原因凑在一起，许多人在这样的情景中会觉得很尴尬，因为他们不知道要和对方聊些什么。

你要知道，有些亲戚之所以哪壶不开提哪壶地问你：有对象了吗？一个月工资多少？成绩考得怎么样？或许他并不是有意让你难堪，可能他觉得和别人见面，就必须说点儿什么，而这已经是他力所能及的话题了。

在一些夹生的聚会上，偶尔运气好，会碰到一两个自嗨型的"暖场天王"，他们无须侵犯别人，也无须替他安排捧哏，就能以个人脱口秀的方式完成整场的发言指标。

倘若遇到的整桌人都是内向害羞型的，那场面就会冷到极点。除了每次乘服务员上菜的机会，说几句"吃吃吃"之外，只剩下彼此杯碗清脆的碰撞声，大家一边沉默地埋头苦吃，心中却为冷场而压力重重，纠结着要不要说一两句笑话来破下冰。但抬眼观察四周，人人面无表情，心中一怯，又把话咽了回去——担心说出来的笑话别人不笑，那自己就成了笑话。

终于有个中年妇女指着一盘菜，弱弱地冲大家问了一句：这是什么东西啊？你看一眼盘子，不就是每次婚宴上都会出现的卤水拼盘吗？你若不明白她的用心良苦，没准还会把她当成傻瓜。如果你是个内向的人，你就知道她憋出这么一个话头有多么不容易。

在接下来的沉默中，总有人在东张西望，寻找着可以拿来聊的话题，找来找去，终于把目光落在天花板的日光灯上，想了好久，才发出这样的感叹：这个灯——好亮啊！

真是难为他了。要怪就怪主办方没把宴会办成露天的，不然他抬头看到的就是月亮，感叹一句"今晚的月亮好亮啊！"俗是俗了点儿，至少不会显得那么傻。

但是还有一种聚会更无聊，就是别人整个晚上都在热烈交流，唯独你一句话都插不上。因为他们兴致勃勃地探讨的是，昨天爬山脚扭了、最近菜市场的白菜又贵了几毛、我家用的是花王尿布……这些琐碎的生活细节让你不知所措。

你孤立无援地坐在那里，看他们像看外星人。你根本不明白，为什么这个世界上会有人对这种没有营养和趣味性的话题乐此不疲。你终于忍不住八卦一句：你们有看《×××》这本书吗？这回轮到她们回过头来像看外星人一样看你了。

好吧，以上用了第二人称，其实是我的个人感受。我的社交短板是不太擅于在线下和不熟且思想不在同一维度的人聊天。

前一段时间，有个前同事约我喝茶。我们已有很长一段时间没有联系，而且，之前也不能算熟——我们不在同一个部门。

约了之后，我心里还有一些担心：这么久没见，共同话题会不会太少。结果一见面，她就眉飞色舞地给我讲了一个故事，之后我又眉飞色舞地给她讲了一个故事；再后来，我们热烈地总结和交流这些故事给我们的启示，一聊就是一个下午。我后来回忆了一下，发现我们相互说了这么长时间，但直到分手还显得意犹未尽。

由此可见，我同事才是真正的聊天高手，她不动声色地让一场久别重逢变成了久逢知己。

真正的聊天高手并不是像我这种懂得很多道理，擅长用有趣的角度分析事物的人；也不是那种能用个人脱口秀的方式，滔滔不绝地说一个晚上的人；而是擅长引起聊天对象与之交流欲望的人。前同事就有这种天分，能洞悉别人会对什么话题感兴趣。

这是一个普通人在平时常常忽略的问题：聊天过程中，最重要的不是我们要说什么，以显示自己更有趣、更有深度、观点更独到。最重要的是我们要说什么，才能让别人既轻松又乐意接住话题。

比如你去找一个家庭主妇聊天，一开口就讲区块链技术，你夸夸其谈，自觉发言精彩、表现满分，却全然不知对方完全听不懂，也不感兴趣，但又不好意思打断你。聊天高手会的聊天秘密是舍弃自己想聊的或擅长聊的，选择对方想聊和擅长聊的区域。

如果你遇到一个小朋友，你和他聊聊《王者荣耀》或《我的世界》，他会很开心；遇到一个老人，和他聊聊养生知识和他的青年时代，他也会很乐意。在这样的谈话里，你只要给予适当的反应就好了。提供一个机会，让对方更好地展示自己的见解与观点，他将视你为知己。

聊天世界里，做一个好的捧哏，比做一个优秀的逗哏，要更厉害。

我认识的聪明人都是这么说话的

曾经有个陌生的网友找我聊哲学，虽说是交流，但百分之九十的话都是他说的，刚开始的时候我还会回一两句。可是我偶尔发表的一些观点常常引发他激烈的反驳。于是，我索性把发言权全部交给了他。然后，他每说完一长段话，就会问一句：我是不是很聪明？我的境界是不是很高了？我就是想让你知道，我在思想上是高于你的。

很多人对聊天都怀有这样的误会，以为要获得陌生人的认同，就应该在语言上打败对方。所以他们一上来就和别人聊高深的学术话题，还喜欢以反驳对方的方式，来证明自己见解的独到、思想的与众不同。

这样的人往往弄错了交流的目的——你是在交朋友，不是在参加辩论赛。如果把私下交流错当成一场辩论公开赛，就会无意中将双方置于敌对的位置，在言辞上很容易引起对方心理上的拒绝和反弹。

有时候，并不是你说的话比别人更高明，人家就愿意和你做朋友。这样做往往是赢了对话，却输了友谊。

我之前在一篇文章中说过：最好不要和你刚认识的朋友谈论宗教、哲学、政治、学术、女权等容易引发分歧的话题，除非你打算和对方第一次聊天就不欢而散。

你不妨和对方聊聊食物之类轻松的话题——至少别人不会因为他喜欢芒果，而你喜欢西瓜，就跟你争得面红耳赤。

如果你想和一个人交朋友，那么与他交流的目的就是为了缩短双方之间的心理距离。如何做到这一点？举个例子：

朋友兴致勃勃地对你说：我今天去一家叫"明月"的餐厅吃饭，发现那儿的东西很好吃。某些人往往习惯这么说话：哦，那个餐厅我去过，我觉得那儿的服务态度有点儿差。这就是一种不会聊天的聊法。不会聊天的人，就是在聊天过程中不断制造分歧，你觉得好，我偏要点出它不好的地方，以示我比较厉害。

这种说话方式虽然没什么恶意，但势必会引起对方的不舒服，我说这餐厅好，你却说不好，你是想说你比我品位高吗？

更好的聊天方式是这样的：恩，那家餐厅我也去过，上次的烤鸭做得很地道。这就是会聊天的方法。是的，你觉得那家餐厅服务不好的感受也许是真的，但是你没必要把它说出来。一个事物的关注点有很多，不同的人肯定会有不同的认识，这有什么奇怪的呢。但你们是在聊天，是在求同存异，只有找到这种认同感，你们的心理距离才会拉进，这不正是你们最开始聊天的目的吗？

在聊天的过程中，当我们的观点与对方相悖时，仍然可以真诚地做出正面而肯定的表达。就像之前看到的那个段子讲的：春节期间，我妈要带我去走亲戚，我说我不晓得要跟亲戚聊什么。我妈说，这简单呀，看到长得好看的，就夸人家漂亮；看到长得丑的，就夸人家长得高。结果，走完一圈亲戚，人人都夸我长得高。

对啊，避重就轻、弃异求同，就是中国民间了不起的聊天艺术。

但是我们平时常常会遇见一些爱抬杠的人——你说梨，他就说梨伤胃；你讲枣，他就扯枣对牙齿不好；你爱红花，他说俗；你喜白雪，他说装。不管你挑起什么话头，他都能一锤子砸得粉碎。最后你怒了，就想问问对方：你到底是来聊天，还是来打地鼠的？

我总结了一下，我接触过的那些聪明人，他们在说话的时候都具有以下特点：

·真正的聪明人，勇于承认自己的不足

去年和一个朋友在微信上聊天，他当时正在动车上，打算去厦门参加一个培训。他对我说：我这个人比较笨，需要多找机会学习。我问：学习什么？他说：口才。

我当时正在写一本这方面的书，所以就很高兴地跟他说：你可以看一下我的微信公众号，我正在写这方面的文章。

过了几天，我又把自己之前看过的这方面的书的购买链接发给了他，他都买了下来，并认真地一一读过。

后来我才发现，他一点儿都不笨，而是带有一点点"轴"的大智慧，比如当他学到一个好方法，他会用很强大的学习力和执行力，把这个方法实际运用起来，让它有益于自己的生活。

其实一个人真正的聪明是有自知之明，聪明的人懂得自己有局限，并且知道自己的局限在哪里。

当一个人自以为是地认为自己无比聪明，那正好说明了他的不够聪明。

外表可以化妆，道德可以掩饰，但是一个人的聪明与否是藏不住的。不是你一直强调自己聪明，别人就会因此高看你一

眼；也不是你说自己笨，别人就真的以为你是笨蛋。

保持半杯水的态度是为了进步，也更容易获得别人的欢迎和帮助。

·真正的聪明人，对事物怀有敬畏之心

前几天我写了一篇关于霍金的文章，想听听业内人士怎么说，我一朋友是东京大学物理学的博士后，于是我就在网上联系了，并让他看了我的文章。他看后对我说：我的想法和你差不多，但因为大家已经吵成这样了，我不好再凑热闹公开表态了。

我很惊讶：你是我认识的唯一一个物理学家——我的言下之意是，连你这样的人发表意见都叫凑热闹，那谁还有资格说话啊？

他解释说：我周围的朋友对霍金的理论有很大的分歧，所以我不敢说。

在人人都勇于发表观点、语不惊人誓不休的年代，这个朋友在自己最熟悉、最有发言权的专业领域却谨小慎微地说：我不敢说……

他是怯懦吗？是啊，他担心他的发言势必会站在一部分朋友的对立面。他害怕因为发表不同的意见伤害到他们的感情，

所以情愿保持缄默。在他看来，展示自己的高明和洞见，远没有维护友情重要。

聪明人在不需要执着的事物上，会收敛锋芒，回避分歧。无知者才无畏，懂得的越多，就越会对这个世界心怀敬畏。

· **真正的聪明人，从不自认为聪明**

还有一次，我和一个朋友聊天，我无意中说了一句：像你这么聪明的人……结果他的反应有些出乎我的意料——他像一个很少被老师表扬的小学生，有些高兴、又有些怀疑地反问我：真的吗？你真的觉得我很聪明吗？

这叫我很无语：这个考进清华经管院，在上市公司当高管的家伙，居然会问我这样一个问题？难道是他演技太好了？

但过一会儿，他很认真地对我说：我不觉得自己聪明。

这让我很困惑，为什么我认识的这些聪明人都不太愿意认领聪明这项褒扬，难道承认自己聪明会带来什么副作用吗？

后来我回想了一下，发现朋友在聊天时，从没有突显自己的聪明。相反，他不太执着于自己的意见与观点，也不热衷于自我表现，更不会轻易用语言否定别人。他勇于认输，在聊天过程中表现得非常温和。

就像我之前在一篇文章中说的：真正情商高的人，并不锋芒外露，让你自惭形秽，他会让你喜欢和他交流时的自己，他会让你觉得自己在和他交流时总是特别棒、观点独到、想法有趣，而他也很喜欢，甚至是渴望和你交流。

　　情商高的人会让你误会，这场交谈不是他很聪明，而是你很聪明。不是他在取悦你，而是你随随便便就能取悦到他。与他进行交流，会给你成就感而不是挫败感，会令你更自信而不是自卑。

　　无论你说什么，他都听得认真专注、兴致勃勃，并通过直指核心、恰到好处地提问，启发出你个性中美好、有趣的一面，让你时时能最好地发挥自己，妙语如珠。

　　在交流过程中，会让你觉得自己很聪明、很优秀的人，才是真正的情商高手。

这是沟通中最重要的事

　　有个网友最近找到我，跟我说了她的苦恼。她现在还在上大二，前几天中午午休的时候，舍友们却一反常态地嬉笑和吵闹。于是，她友好地提醒她们安静点儿，但舍友们却无动于衷。于是她愤然离开了宿舍。因为这件事，她后来被宿舍的舍友们孤立了。

　　她跟我解释：她之所以生气是因为每次舍友们需要休息时，她都会非常配合地保持安静；可是，当她提出同样的要求时，别人却不予理会。

　　然后她问我应该如何处理这样的事情。我回答：你应该把自己对这件事的感受具体描述给你的舍友们听，如果怕麻烦，就把刚才你对我说的话原样说给她们听。如果你一言不发就直接发火，她们也不一定明白你为什么会这么生气。

有时候，我们不仅要有同情别人的能力，还要有能引导别人来同情自己的能力。怎么说呢？就是要懂得通过正确的表达方式来让别人理解、体谅你的难处和处境。

举个例子：

微信公众号的作者多数会在自己的公众号上发些广告软文，这件事势必会引起一些关注者的不满。他们不满是有道理的，因为他们关注公众号为的是看文章，结果点开一看却是个广告，很浪费时间。但是发软文是作者辛苦劳动的变现途径之一，毕竟，写作者也不能靠吃空气活着啊。

然而，这件站在双方立场上去看都没有错的事，导致的结果是读者看到软文会不高兴。然后他们会通过留言等方式把这种不满反馈给作者，作者看到这样的反馈后会觉得委屈，有的只能在心里生闷气，有的则愤怒地和那些留言者互骂：你爱看不看。

不论是哪种方式，作者都放弃了有效沟通的尝试，直接把情绪跳转到了生气和愤怒的结果上。这种处理方式是非常不明智的，因为大家都是有表达能力和通情达理的人，为什么不尝试一下让别人理解自己呢？

我就曾向我的读者解释过，作为作者，我为什么要发软文。因为写作这项工作是我目前唯一的收入来源。写作能够变现是我通过辛苦努力积累的结果，而发软文是最主要的变现途径之一，为了生活，我不得不这么做。

当我把我的经历、感受、难处、情绪，详细地向读者和盘托出时，那些原本不理解我的读者，也能够通过我的表达转而认同我，这就是一种有效的沟通方式。

你要相信，这个世界上的大多数人是正义、善良、讲道理的，他们的主张和言论之所以与你背道而驰，不是因为他们坏，而是因为他们不理解你。沟通最重要的功能，就是通过语言的交流，让别人理解你。

然而，在日常交流中，大多数人又容易犯另一个错误，那就是高估别人理解自己的能力，低估了别人的人品。

比如一个男生说，有个朋友每次见到他，就会跟他说别人的八卦，他听了以后很烦，心里犹豫着还要不要继续和这个朋友来往。

还有一个女生对我说，因为她家比较有钱，她的发小每次和她一起玩，都让她买单。偶尔几次就算了，但是她觉得发小已经把让她买单这件事视为理所当然了。这让她很窝火，导致她对发小的态度很冷淡，在其他事情上动不动就对发小翻脸。

这两个同学所犯的错误和之前那位同学是一样的，他们没有尝试过正面的沟通，把自己的感受告诉对方，而是直接将情绪跳到要绝交、翻脸的地步。

你们"吐槽"的那些朋友，可能完全没有意识到自己的所作所为在你心里引起了这么大的反应。我们总是会以为：他做了某件事，我对此很生气，虽然我没当面讲出来，但对方应该明白我为什么生气，如果不明白，那也是他的错。

不不不，谁也不是谁肚子里的蛔虫。即使是恋人、好友，倘若对方让你生气了，主动让对方明白你在生气，以及你为什么生气，是你的责任，而不是对方的义务。指望对方会善解人意的社交方式，是很傻、很被动的。

还有，很多人的错误在于太爱面子了。他们很有胆量发脾气、表达愤怒，却不太好意思当面把自己发脾气和愤怒的原因告诉对方，总是让别人来猜猜猜，如果别人猜不到就绝交，这是一种简单粗暴、低情商的做法。

比如不喜欢朋友八卦的男生，他不好意思对朋友说出对方在言谈上的缺陷，因为他不敢当面指出别人的缺点，害怕因此和朋友正面冲突，这就是一种本末倒置的做法。你一声不吭就不理朋友，从此不和对方来往，这件事本身比你当面指出他的缺点，更不可理喻，更加伤人好吗？

所以，这位男同学的正确沟通方式应该是，试着向朋友描述一下自己的感受：你每次跑来和我说别人的八卦时，我都觉得很烦恼。如果有人也在我面前说你的八卦，我也会同样烦恼。请你以后不要这样做了好吗？因为这会影响我对你这个人的评价，以及我们之间的友谊。

当你把你的感受，真诚而友善地向你的朋友表达出来时，相信他一定会去认真地反省自己，并在往后的日子里对自身的言行做出调整和改进。如果他仍无视你的感受，继续我行我素，这时候再绝交也不迟。

还有那个"吐槽"发小从不买单的女生，不敢当面对发小讲出自己的不高兴，是怕发小觉得自己太斤斤计较。不妨试着把你的真实想法说出来，让对方理解你的感受：每次和你出来，都是让我买单，这件事已经让我很不开心了，我不希望自己在友情里是单方面付出的一方……

虽然有些真话有得罪朋友的风险，但是你不说，她就无法理解你，就会在无意中一直得罪你。你都要和她翻脸了，为什么还会害怕得罪她？为什么不试着把死马当活马医一医？也许发小真的只是神经大条，可能被你一说就洗心革面，为买单和你抢破头，也不是不可能的。

Part 6

和喜欢你的人在一起

真正的善良，会让你也想做个善良的人

在我家附近，有一个小小的修车铺。

我第一次去大叔那里补胎，他干完活，满手油污地站在那里，对我说：好了。

我说：师傅，多少钱？

他说：4元。

我忍不住惊讶，在这个城市，这种脏累的活，时间成本和店租成本那么高，他的收费却那么低廉。

他老婆闻讯而出，纠正道：5元。

大叔不高兴地扭过头，冲他老婆说：我说4元就4元！

他老婆说：你每次都这样！

战火仿佛一触即燃。

不想看两口子因为一块钱而吵架，我连忙说：你们不要吵啦！然后丢下5元钱就跑了。

后来，每次我的自行车出了问题，我都会把车推到他店里修。等待的时候，我就会观察他的店面，那是一个不足10平方的二层阁楼，供一家三口做生意、吃饭、睡觉（二楼），条件很艰苦。

有一次，他修车的时候，我坐在旁边看他修。我才发现他有一只手的手指不太灵活，仔细一看，他的四个手指齐齐断过，是重新接过的。

可是，大叔每次修车，要的价格却那么低。补胎5元，调整刹车5元，家里收到的小书架，抱下来请他帮忙组装仍是5元。

我常常在想，他一天要赚多少个5元才能维持他的生活呢？我真想多给他一些，但是我从来没有这么做。

有一年春节，他回江西老家过年，等再回来的时候我发现他的店搬了，搬到了隔壁更小、更偏僻的店面。

我从他那儿买了一个充电器，买来用了几个月，被我弄坏了。

我带着旧的充电器跑下去，对他说，师傅买个充电器，这个坏了，给你。

我是想，把坏的那个送给他，好让他回收卖一点儿钱。

不料，他看了一眼坏的充电器上的字，然后对我说：你这充电器超过保修期好几天了，不过我还是给你换个好的吧！

我把钱递给他。他不肯收，说：不要钱，我帮你换了。

那一刻，我心里非常感动。

为什么一个这么贫穷的人，仍然愿意对陌生人心怀慷慨，愿意给予呢？

他明明比我更需要钱啊。

我愣在那里好一会儿。最终，我没有拒绝他的好意。只不过是几十元钱，但是我就是愿意承他的情，接受这份庞大的、震撼我内心的善意。

只是后来，我每次去他店里买东西，都是尽量选贵的。

比如在100元的刹车和20元的刹车之间，我会不假思索地选择100元的。因为我以为贵的东西，他赚的利润可以高一些。事实上，他的价格总是比外面要便宜。

有一天，我的车在半路上爆了胎，因为要换胎，所以我完全不想到附近的修车店处理，而是气喘吁吁地推到他的店里。路上花了半个小时，车重，我累得汗流浃背。

我心里有个可笑的想法，想要让他多赚点儿。

我把车往他店门一扔，告诉师傅我一会儿再回来拿。

　　然后，我就回家去洗澡休息。等我回去取车时，发现车还没修。

　　我吃惊地问：师傅，怎么还没有修啊？

　　两口子笑呵呵地站在门口冲我说：因为要换胎，价钱高，没有经过你同意哪敢换啊。

　　我认真地对他说：师傅，我相信你的人品，你觉得怎么修好就怎么修，要多少钱就多少钱。这是我第一次当面赞美他。

　　真正的善良是大叔这样的人。**他的善良，会让我也想做个善良的人。**

　　我想，对于一个善良的人来说，我所能做的，就是坦然接受对方给予的善意。

　　呵护这份善意，不轻易同情与施舍，让善良的人用他们安心而体面的方式赚钱。

　　希望人们相信这个世界的善良，相信一个人的好，是因为他本来就那么好。

所有离开的人都不值得等待

两年没联系的前同事，突然加了我的QQ，跟我聊了起来。

我有些吃惊，因为之前由于工作上的小摩擦，他跟我吵了一架，并愤怒地将我的QQ号"拉黑"了。

如果不是那次争吵，我们其实还算是关系不错的朋友，工作之外的时间一班人马会去聚餐、K歌。

曾经发誓要和我恩断义绝的人，突然主动伸出橄榄枝，我惊讶归惊讶，也高兴地和他叙起旧来。

在QQ里，他态度真诚、语气亲切，一再表示下次回福州，一定要把好朋友都召集在一起，一起吃个饭。言语间，仿佛我们之间从来没有发生过任何不愉快。

他这样"不计前嫌"，搞得我心里很是愧疚，觉得自己以前是不是太小家子气了，这么好的一个朋友，我早该主动跟他联系才对。

聊了十来分钟，他轻描淡写地提了一句：我现在在某公司上班，以后推广上还要请你多帮忙啊。如果找你发软文，我会付钱的。

我满口答应：没事儿，你有需要直接找我就好了。

我当时没有想太多，以为他只是顺口一提，我在网站工作，偶尔有朋友让我帮忙发一两篇软文，我都会顺便帮一下的。

没过几天，他在QQ上一次性发给了我10篇软文，全是那种多图的长文，我来不及吃饭，光替他干活了——整理、排版、上传，忙了一个多小时。

结果，当我告诉他已经发到网上之后，他就没了下文，完全没提钱的事。

隔了一周，我才慢慢反应过来：他不会不打算付钱吧？他不会是为了叫我发软文，才特地联系我的吧？发10篇软文的费用说多不多，但那种感觉就像是分手800年的前男友，突然跑来献殷勤，你刚刚开始感动他旧情不忘，结果发现他只是因为寂寞无聊，才来和你演余情未了的戏码。问题是，当初还是他主动把你甩了的。

这么一想，感觉就完全不对了。于是，我就在QQ上公事公办地跟他说：那个，软文的费用付一下。

他过了很久，才回了三个字：多少钱?

他是我前同事，他工作过的网站的软文怎么收费，他心里是一清二楚的，但他依然明知故问，但我也不介意多回答一次。

他当下答应把钱打过来。

当时我还想，我是不是冤枉他了？看人家付钱也很爽快，我是不是以小人之心度君子之腹了？

结果一看他支付的数额我大吃一惊——他只打过来一篇软文的费用。我连忙找他交涉：你一共发了10篇，费用应该是××元，你怎么只打了一篇的费用啊?

他瞬间翻脸，耍起无赖：什么？这么贵？那我不发了，你把发的软文都删掉吧，把我刚打过去的钱也退回来给我。

你们知道，广告服务就是发布即完成的服务。我给他发布出来已经过了一周，相当于一顿饭他已经吃下去，且消化了一周，然后说：这太贵了，我不要了，你给我退掉!

其实发布软文的费用并不贵，而且价格他一早就知道，他工作的公司财大气粗，不会没有宣传的预算。于是我对他说：你又不是不知道软文怎么收费，你之前也在这儿上班的。

他却回答：我以为过了两年，早降价了。

我一时竟无话可说。

只要有脑子，也知道没有哪家公司的广告服务，过了两年时间会降价，而且降到两年前价格的十分之一。一切已经证明，他来找我那一刻，就准备吃霸王餐，压根没想过要付钱。

我不想和他继续纠缠不清，只能认栽——把替他发过的软文一篇一篇删了。他又因此大骂我：没想到你是这种人，这么无情无义、斤斤计较……

我知道他的意思：软文反正都发了，再去一篇一篇删，你不嫌麻烦啊，你宁愿花时间去删，也不肯做个顺水人情，帮一下朋友，实在是心胸狭窄。

我……

其实上一次，我们也是因为差不多的事闹翻的。这次他回头来找我，我还以为他是良心发现了。我完全低估了某些人的自尊心，明明已经不把你当朋友了，却可以为了蝇头小利，打着友谊的旗号来消耗彼此交情的那点儿余温。

昨天在网上看到一句话：有时再给别人一次机会，就像是再给他们一颗子弹，因为他们第一次没有射中你。

所有消失的爱都不会再重来，所有离开的人都不值得等待。其实友情也是，死了就死了，既死速埋，或许还能给彼此留下一点儿美好的回忆。想要欲走还留，除了感受到鞭尸般的失望外，什么也没有了。

我交朋友是不讲"底线"的

我之前在一篇文章里提到过：

有一次，我无意中撞见一个好朋友在别人面前说我的坏话。我没有当面揭穿她，此后我在她面前始终保持着若无其事的态度，很多年过去了，我们依然是朋友。

有读者看到后，给我留言：在背后贬损自己的人真的还能继续当朋友吗？反正我是做不到。

我没有生这个朋友的气，有两方面的原因：一方面是因为她说我的坏话是有事实依据的，我确实应该反省自己；另一方面，这个朋友曾经也做过很多让我感动的事，比如在我生病的时候，她忙前忙后地帮我打饭送水。

这个世界上，说我坏话的人有很多，不说我坏话的人也有很多。但是肯主动付出行动去帮助我的人却不多。凭她之前对我的付出，我可以原谅她犯的这个错误。

亦舒说：做朋友，是论功过的，相识的日子中，如果加起来的，功多于过，这个朋友还是可以维持下去。

对待友情，我采取的是积分制，每个朋友都有不同的信用额度，每个人的额度不同，可以犯的错也不同。

有的朋友在我这里可以迟到，有的朋友可以说我坏话，有的朋友可以叫我做不想做的事……当然，这种额度并不是无限透支的。

比如一个朋友和我关系很好，我给他的信用额度是100分。他和我吵架扣10分，欺骗我一次扣10分。如果有一天他做了一件事，让我很开心，我还会给他加20分。

也会有朋友一直在挥霍他在我心里的信用额度。从100分的好朋友变成70分的朋友，再变成50分的泛泛之交，最后变成0分的只是认识的人。如果继续犯错，就会负分友尽。

这样做的好处是：当朋友犯错的时候，你不会那么怒不可遏。因为你要回忆他现在还有多少分，你就会想起他曾经的功劳，曾为你做过的好事。于是你知道他从你这里拿走的，只不过是本来就属于他的那部分。

这么一想你就会看得比较开，不会一直纠结于朋友做得不好的地方。"水至清则无鱼，人至察则无徒"。每个朋友都有缺点，也都有优点。每个朋友，都有过，也都有功。你也不会被所谓的"底限"蒙蔽了双眼，然后无视他们的优点和付出，为一件小事就抹杀你们之间的友情。

许多人往往只记得朋友对不起自己的地方。事实上，犯过错的朋友有时会好过什么错都没有的陌生人。因为100分的朋友，即使他对你犯了50分的错，他还有50分。而在你面前什么都没有做错的陌生人，是0分。

再讲个例子。我有个朋友，好长一段时间在我这儿蹭吃蹭喝，每次我请她吃饭，她不仅来，还会带上她好几个朋友，而且是我不认识的朋友，然后一帮人坐在那里大大咧咧地吃完后等我付账。

每每这个时候，我心里都会有一点儿不爽——我请你吃饭没问题，但是你每次还要拉上一堆和我没关系的人，你想请他们吃饭为什么不自己花钱。但这话我没讲出来，因为这个朋友只有这方面做得不好，其他方面都挺好。她在我这里也犯得起这个错误。

后来过了几年，这个朋友发达了。她反过来也经常请我吃饭。每次请我吃饭时，她总是真诚又热情地说：你把你的朋友也都叫来吧！

　　这让我意识到之前错怪她了，她以前吆五喝六地让我请客，并不是爱占便宜，而是她热情好客的性格使然，她只是没有把我当外人。她不是小气，只是以前没有能力，现在她有钱了，也是用同样的方式对待朋友。

　　所以我很庆幸，没有因为所谓的"底线"，去抹杀一份真诚的友情。我也感谢朋友们对我的包容，我作为别人的朋友也不见得十全十美。朋友在背后讲我坏话，我还经常把朋友写进文章里呢，她们都知道，如果大家都那么较真儿的话，我早就众叛亲离了。

　　不以"底线"，而以功过论友情，这是面对错综复杂的人际关系时，所采取的一种理性思维。这样作为你的朋友，就不需要时时如履薄冰，不需要担心因为某一刻的不小心得罪了你，就被杀无赦。如果你是我的朋友，我也希望你用这样的方式对我，这样只要互相多为对方做一些好事，多充值，我们的友谊大概就能天长地久了。

朋友之间是论功过的

　　曾经有个读者给我留言，问：聊天高手（要根据对手的兴趣和擅长来决定话题）不觉得累吗？

　　其实我非常羡慕具备这种天赋的人，因为他们通过说话就能得到别人的认同和喜欢。与我们一生中付出的各种辛苦的努力相比，这真是一条捷径。

　　反过来说，难道学习不累吗？工作不累吗？通过干活、送礼，获得长辈的认同不累吗？这么想来，有人能单凭一张嘴就活得顺风顺水，真是人世间最轻松的一种了。

　　《明朝那些事儿》里的明英宗朱祁镇，就是具有这种天分的人。虽然他是个不明是非的昏君，做了俘虏皇帝，但是无论他受困于蒙古人还是被软禁于后宫，最后都能顺利逃脱，因为他非常擅于获取人们对他的认同和喜欢。在被俘虏和软禁期间，他还和看守他的人建立了深厚的友谊，从而获得了他们的庇护与帮助。因此，他可以被称为历史上情商最高的皇帝。

也许我们永远不会身临险境，也不需要获得所有人的喜欢。但是了解和学习这种能力，仍然会让人生受用终身。有一天，当你遇到你真正喜欢或想取悦的人，你也就不会因为不知怎么说话而手足无措了。

而且，有些时候取悦别人，其实是为了取悦自己。你通过语言让别人高兴，别人会喜欢和认同你，喜欢和认同你的人也会反过来做一些让你高兴的事。所以这一点点心理上的牺牲与付出，都是值得的。

另一个读者问我：那你能不能说说和别人聊天时选择具体话题的技巧有哪些？

这个问题，我以前从来没有想过，我平时和别人聊天的话题也是即兴而发的。因为这个问题，我认真地思考了一下，发觉选择话题时，确实有很多技巧可以总结。

对于在聊天的时候，我们该如何选择话题，我有以下建议：

·可以聊对方的喜事

你可以先想一下，你的朋友最近有什么喜事，比如他刚买了房，他的文章获了奖，他儿子考上了重点中学，等等。这时候，你只要开口提一句：听说你买房了？基本上你就不用考虑后面怎么聊了，对方会滔滔不绝地跟你讲前因后果、来龙去脉、心路历程等。你只要认真地听，然后附和几句，他就会很开心、很满意。

这个方法我在我之前供职的公司里的一位阿姨那里屡试不爽，我每次看见她就问：你们拆迁了？你儿子进大公司了？你儿子结婚了？虽然这类话题她已经在公司和其他人说了不下十次，但是我一问她，她还是会停下来，滔滔不绝地和我聊个不停。

·可以聊对方最近在微信朋友圈里晒的东西

我之前说过，一个人在自己的微信上晒的东西，一定是他感兴趣或者得意的。比如我有个朋友去泰国旅游，天天在朋友圈晒他在泰国拍的照片。这说明什么呢？当然是他想要和别人分享他的旅游心得啊。所以你要是这时候去问他一句：泰国好玩吗？没准儿瞬间就能点亮他聊天的G点。

一个朋友说，自从他妈妈从美国旅游回来后，不管和别人聊什么，他妈妈都能巧妙地把话题绕到美国上去。别人说：最近天气很冷。他妈妈说：是啊，我上次去美国的时候，要穿……别人说：这碗面不错。他妈妈说：我上次在美国吃那自助餐……这意味着他妈妈有着强烈的与人分享她美国之行的需求，如果你愿意满足她，她会比你请她吃饭还高兴。

·可以聊对方的偶像

我以前在微博上看过一句话：你骂一个人，他不一定生气；但是你贬低他的偶像，他会和你拼命。这句话可以反过来说：你赞美一个人，他不一定高兴；但你赞美他的偶像，他会觉得你是他的知己。

如果你知道一个朋友是×××的粉丝，那么和他聊天就很简单了：我在春晚上看到×××了，最近新出的电影里好像有×××。不管他知不知道这些消息，他都会很愿意和你聊这个话题。

·可以聊对方亲近的人

如果一个朋友在热恋中，她又热衷于炫耀她的恋情，这时候，如果你肯贡献你的耳朵听她的话，那就成就了她的舞台。这种人大部分时间三句不离我男朋友，愿意听她讲男朋友的人，肯定会成为她的好朋友。

对于已婚已育人士，你的话题围绕着她的子女展开，80%以上会获得热烈的回应。随便一个开头：你儿子最近上幼儿园啦？你女儿看起来很乖呀？她会兴致勃勃地将话题接下去，不大讲特讲半个小时不会完的。

· 可以聊对方的敌人

这是个险招，但是却是一个可以快速拉近双方心理距离的办法。很多社交指南告诉我们不应该在背后讲别人的坏话，这会影响你伟光正大的形象。事实上，很多时候，两个人友谊开端往往会建立在一起讲某人坏话这种事上。

你知道A很讨厌B，并且公开了对B的敌意。而你也讨厌B。这时候你在对方面前，说一些同仇敌忾的话，你俩顿时会产生一种一拍即合的感觉。你和同事在一起骂共同讨厌的老板或上司，可能是有风险的。骂骂共同讨厌的竞争对手，或者一起"吐槽"共同看不顺眼的某个明星，还是对身心有益的吧。

最后，你要知道人和人是很不一样的，以上方法仅提供参考，不一定百试百灵。聊天不能生硬地按图索骥，而要根据现实随机应变。

请记得这世界温柔待你的样子

有一段时间，我经常跑到一个女性朋友那儿蹭饭。因为她租了个带厨房的房子，因为她做的菜特别好吃，更因为我穷。每当她在厨房里叮叮当当地忙活，我就在房间里开心地看电视。

等她把饭做好，我就不客气地开吃——一起吃饭的还有她男朋友，估计他对于我这个100W的电灯泡早已厌恶透顶了吧。

吃完饭以后，有时候我会在她家玩一会儿，有时候吃完就走了。我也没特别向她表示过感谢，甚至没帮忙洗过一次碗。

其实她当时也很穷，却从来没有对我长期蹭饭的行为流露出任何不悦。我去找她，她每回都高高兴兴的，叫我改天再来。

如今想起来，觉得她特别好，也觉得自己当初太不懂事。现在我不那么穷了，经常约她：快过来，我请你吃饭。她有时淡淡地说：我请你也可以啊。

这个朋友，我愿意请她吃一百次、一千次饭，但我知道，其实她根本不在乎我们在一起吃饭时到底该谁付钱。

我还有一个朋友，有一段时间，我在她那里借住，那是一种老式的民房。有一天，她上班还没回来，当我在楼道尽头的浴室洗完澡，抱着衣服走出来的时候，和房东的儿子狭路相逢。他当时喝了酒，醉醺醺地走了过来。

我预感到不妙，直接冲进房间，把门反锁了。他在外面大喊大叫地踹门，门被他踹开后，他走进来反手就打了我一巴掌，问我为什么不理他。我捂着脸，哭着从房间里冲出去，跑到电话亭拨了110，听到接线小姐询问的声音，又哭着把电话挂了。我永远不会忘记那一年的平安夜，我独自坐在这个城市的某个阶梯上，被巨大的悲伤包围，在黑暗中流泪，在寒风中瑟缩。

是朋友找到了我，她花了一整夜的时间，走遍附近的大街小巷寻找我。她看见了我，她走向我，她向黑暗中的我伸出了温暖的手，她对我说：不要哭，我回去会好好教训他！

回去以后，她真的去找房东吵架。虽然她所做的于事无补，可是我看着她为我冲锋陷阵的样子，心里真的好感动。

后来我们却失去了联系。这些年我经常想起她，后悔相处的时候没有对她好一点儿。

我曾对很多人说起过这些事，有的人遗憾地说：可惜我没有这样的好朋友。也有人说：你一定也很好，才值得她们这样付出。

我想说，其实我和我的朋友都只是普通人，以最普通的方式相处着。我相信每个人或多或少都会有这样的好朋友，这世界上一定有许多人在润物细无声中为你付出过许多。那些认为完全不会有人对自己好的人，其实是错的，并不是没有，而是你没看到，或者记不得了。

我是一个记性很差的人，差到什么地步呢？我经常找不到我家杂物间的门。我看过的书，我还经常重复地买回来。但在另一些地方，我的记忆力却非常好，我特别能记住那些让我有所触动的人与事，特别是温暖的事，即使事隔多年，我仍能回想起当时的情景、对话、对方的神态和表情……以至于我能把它们还原为文字，写成文章。经常有读者怀疑我在写小说：那么久以前的事怎么可以记得那么清楚。

我觉得这是我的幸运。其实，我们遇到的每个朋友都有很多优点，也有很多缺点。相处的时间久了，她们会做很多让你感动的事，当然，也难免会做一些让你觉得不愉快的事。

　　我一直坚持着一个交友法则，那就是对愿意继续交往的朋友，只记功，不记过。就是说，她们为你做的好事，你要刻意记住；而他们做的那些不好的事，不要刻意去记。因为记住朋友过往的缺点、无心之失，除了让你不高兴之外没什么好处（除非她人品真的很有问题，这种人就不应该继续来往）。当然，有时候朋友的某些冒犯，你就是忘不了，那也是没办法的事。

　　能看到并记住每个朋友对你的好，会让你很开心。和对方在一起的时候你也会比较愉快。如果相处的时候，你想到的都是他们好的一面，也会从你的表情、神态、言语中流露出来，这会让她们感觉到你对她们是真心喜欢的，这会让他们也更喜欢你，从而有助于你们之间关系的良性循环。

　　所以，那些觉得自己没有好朋友的人，或者觉得没有人对自己好的人，一定是忽略了什么。你应该去发现别人的好，去记住这个世界温柔待你的样子。因为这是我们温暖自己的方式，也是我们在疲惫的生活里好好活下去的勇气。

鼓起勇气，和拖累你的人说再见

很多人一事无成，不是因为他智商比较低，也不是因为他没有能力，而是因为他们没有执行力。在现实生活中，许多人的梦想始终停留在想的阶段。

但是，很多人没有执行力，其实不是比别人懒，而是因为他们缺乏努力的驱动力，这种驱动力来源于一个人对努力的认知。

所有不成功的人都相信，自己的能力一般，努力是没什么用的，或者即使很努力地去做某件事，也存在着失败的可能。他们看不到努力之后成功的可能，看不到自己的潜力，为了防止自己竹篮打水一场空，就选择什么也不做。

这种对努力的错误认知，以及对自身过低的评估，其实是大多数人一事无成的根源。

所有成功者，他们身上和别人最不一样的地方，并不是他们有过人的智力、过人的勤奋，而是他们有着坚定的信念——就是在自己看不到未来、身处困境、遇到挫折的时候，仍然勇于、敢于相信自己一定会获得成功。

就像阿里巴巴的大股东孙正义，他敢于在创业之初，站在破苹果箱子上对仅有的两名员工说：我将来一定会成为世界首富。

就像马云，在决定创建阿里巴巴的时候，他站在客厅里向自己的"战友们"勾勒出自己心中的蓝图：我们要建立世界上最大的电子商务公司，要进入全球网站排名前10位。尽管当时和他一起创业的不过才18个人，创业金也不过50万。

我不知道，刚刚大病初愈、已经整整荒废了两年、白手起家的孙正义，和高考考了三次的大专生马云，身上这种强大的自信和底气是从哪里来的。

然而，毋庸置疑的是，强大的自信才是成功的基石，自信的人，才会成为一个敢想敢做的人。自信会驱动一个人在为梦想打拼的过程中，拥有过人的执行力和战斗力，在遇到困难和挫折时，才能刀枪不入、百折不挠。

如果你也能相信，从现在起，每天5点钟起床，努力学习，拼命工作，五年后会身家上亿，十年后会成为中国首富，你有办法不勤劳吗？你一定会勤劳得谁都拦不住。勤不勤劳的决定性因素在于，你必须相信勤劳很有用。

我在想，马云和孙正义为什么在他们还是普通人的时候就深信自己拥有改变世界的力量，而我们为什么就不敢相信呢？别说未来要做世界首富了，有些人连通过努力，改变自己，让自己过得更好的信心都没有。这就是普通人和首富之间的最大差别吧。

所以，失败源于自卑，成功源于自信。

那我们要如何获得自信呢？

我曾经在网上看到过这样一种观点：有一个很简单的方法，就是要远离那些总是批评你的人。因为他们正在用语言潜移默化地蚕食你的自信。

我曾经在一本心理学书上看过这样一个故事：

日本有个著名的女滑雪运动员，她的实力很强，但是很不自信。参加比赛时，以她的实力，有很大的胜算能拿到冠军。可是当记者问她，你会拿冠军吗？她总是犹豫不决地回答：我尽力吧！导致她比赛时的表现，总是很不稳定。

后来，教练请了一个心理专家帮助她。心理专家让她将自己身边最亲密的几个人进行分类。她根据实际情况，把自己周围的亲人朋友分为三类：第一类，总是在赞美她的人；第二类，虽然批评她，却给她提供有建设性意见的人；第三类，总是在批评她的人。

她分完类后，发现她的家人总是在赞美她，她的闺蜜虽然会批评她，却总会在批评之后给她提供有效的建议。只有她男朋友，总是在批评她。然后在心理学家的引导和询问下，她又发现，当她和父母在一起时，比赛经常会赢。总是批评她的男朋友陪她参加比赛时，比赛就没有赢过。

原来，一个亲密又总是批评你的人，会产生这么巨大的负面影响。明白这一点后，这位女运动员下定决心和男朋友分手了。此后，这名运动员的成绩得到了快速的提升。

这个故事听起来很玄，我却深以为然。有时候我会将网友给我的留言汇总整理，将其中能给我带来自信的一类收集在一起。每当觉得沮丧、没有信心的时候，我就会翻出来看一看，然后会觉得自己又充满了力量。这也是我要写作的原因，读者通过我的文章受到启发，而我也通过读者的反馈获得坚持下去的力量。

我们的生活中，总会有一些亲密却无法隔绝的人，比如我们的父母、兄弟姐妹、老师等，如果他们热衷于批评我们，一定要想办法跟他们好好沟通，尽量避免被他们的批评打击我们的自信。最简单的方法，就是把这篇文章拿去给他们看。

也许他们会说，我批评你是为你好，让你改正缺点，变得更优秀。然而，古往今来，每一位优秀的人之所以能取得成功，都不是因为他们的零缺点，而是因为他们能将某一个优点发挥到极致。爱因斯坦不修边幅，穿衣打扮很随意；牛顿心胸狭隘，谁批评他，他能记一辈子的仇；乔布斯脾气暴躁，情商低……没有一个杰出的人物是因为他们改掉了所有缺点而成功的。

所以，我们不需要那些总是在我们身边提醒我们笨，批评我们懒，警示我们会失败的人。如果他们热衷于批评，却没有办法提供建设性意见，那他们不仅对你的人生毫无帮助，还会不断地消耗你的能量，拖你的后腿，直至你一事无成。

如果可以选择，尽可能地和欣赏你、肯定你，并且相信你很棒的人在一起。

我只想交朋友，不想当人脉

　　我现在的工作是做网站运营，经常会接触一些同行。有一次，友站的一位编辑加了我的QQ。因为他所负责的频道想跟我的网站交换友情链接。友站与我所负责的网站往来甚密，交换友情链接只是举手之劳，我就跟他换了。因为对方彬彬有礼，谈吐不俗，于是多聊了几句，也算是一见如故。

　　没过多久，我们就成了朋友，时不时地在QQ上聊上几句，交换一下工作信息，偶尔还会给对方推荐客户。有时候他让我帮忙转发一下他写的新闻，当然这只是小忙，反正我们网站每天都要转载新闻。

　　认识了大半年，他约我吃饭，我欣然同意。认识这么久，关系这么好，大家却没见过面。于是，他仔细地询问了我对食物的喜好，预定了餐厅，为了避免单独见面的尴尬，他还特地约了一位我们共同的熟人。

吃饭那天，他先在QQ上提醒我：别忘了，我先出发去占位子，你下班再慢慢过来。下班后，他给我发来短信，告诉了我预定的餐厅和桌号，并且还叮嘱我路上小心。到了中午，我和跟我们吃饭的另一位朋友一起走进餐厅，他一看到我们，就落落大方地站起来，向我们点头致意，并帮忙拉座位。

吃饭的时候，他也是斟茶递水、殷勤周到，不冷落任何一个人。等我们吃完饭，离开餐厅的时候，我注意到他对电梯礼仪执行得行云流水、一丝不苟。所有这一切，让我对他的印象大好，连一起去吃饭的朋友都称赞他情商高、有前途，对此我深表赞同。俗话说，细节决定成败，一个能在人际交往中将每个细节都照顾到的人，绝非池中之物。

又过了大半年，他又约我吃饭，我正好发现了一家很好的餐厅，便决定礼尚往来，说这一顿我请好了。于是他问我，我可以带同事吗？我不假思索地说，可以啊，那我也带两个同事吧。

然而，这场会面却很糟。他迟到了快一个小时，在这一小时中他不断地发短信来道歉，并叮嘱我们可以先吃。之后，他终于姗姗来迟，我才知道他不仅带了同事，他的同事还带了另一个朋友，然后这个好朋友又带了两个姑娘。

除了他与他同事，另外三个跟他们一起来的人打扮得很"非主流"，吃饭的过程中一直盯着手机，一副爱搭不理的样子。他的同事倒是很热情，不停地和我聊工作，并要了我的QQ号。回去以后，朋友的同事就加了我，每天毫无铺垫地发来一条新闻链接让我帮忙转发。我有些不悦，心想，我们很熟吗，我为什么要帮你啊。但是看在他同事是我朋友的面子上，帮他转发了好几次。

结果有一天，他直接问我，你们网站有一条负面新闻是关于我客户的，帮我删除一下。这是一个很不合情理的要求。我直接拒绝了他，他却反过来指责我小气，然后我就直接把他拉进黑名单了。拉完之后，我向那位朋友投诉：我和他有什么关系呢？我不过是因为你间接请他吃了一顿饭，怎么反倒像欠了他似的，隔三岔五地叫我替他做事。

"我这同事的确不太对，你有你的立场……"他安抚我，但是我怎么都觉得他这话说得很言不由衷。

又隔了一段时间，某天我突然惊觉，这位朋友似乎好久没出现了。我翻到他的朋友圈，在一条动态下留言问：最近怎么失踪了？

哦，我离开福州很久了，在另一个城市的门户网站工作。

他淡淡地说。

突然间我就明白了，为什么那个曾经那么热情周到的朋友在我的朋友圈里销声匿迹了。因为离开这个城市后，我对他来说已经没有了利用价值。有时候，高情商是一种体力活，他需要留着精力敷衍另一个城市对他有用的人。

而我一直误会我们是朋友，最终却发现他和他同事，其实是一样的人。只是他比较委婉，他的同事比较赤裸，他们都只是把我当作人脉而已。那场饭局，不过是他对他同事的一场关于人脉的交接——他要离职了，把能用的工作关系介绍给同事接着用。

虽然我也认为朋友多了好办事，但我始终不太接受"人脉"这个词。我也因此愈发确定了一种经验，某些开场过分惊艳的人，在后来的日子里往往会让人失望，因为热情和完美常常有伪装和表演的性质。反而是那些初见朴实无华、笨拙含蓄的人，成为朋友之后，像一块藏在粗陋石头里的玉，随着时间的推移会给我们带来惊喜。

所以，对于那些所谓情商不高的人，还是多给他们一点儿时间吧。

Part 7

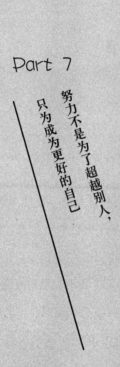

努力不是为了超越别人，
只为成为更好的自己

油腻的反义词是天真

有一次，一个朋友打电话给我，说他当天的遭遇："我今天在路上，遇到一个大学生模样的年轻人，他跟我说钱包丢了，现在肚子很饿，问我能不能给他们一点儿钱吃饭？"

"这是一种常见的骗局。"我不假思索地说。

"对啊，我也想到这可能是个骗局。可我转念又想，万一他的钱包是真的丢了，他们的肚子真的很饿，却没有人愿意相信他们怎么办？所以我决定不给他们钱，而是把他带到一家兰州拉面馆，替他点好食物，把钱付给老板，然后就走了。"他说。

我表扬他："你做得很好。"

"可是我在回去的路上，突然想到如果他们是骗子的话，也可以等我走了以后，对老板说：我不吃了，你把钱退给我吧。我觉得不放心，又偷偷地返回那家拉面店，躲在树后面偷看，发现他正坐在店里吃面，我这才放心。"

我听完哈哈大笑。朋友这种应对方式看似很傻，其实很值得推广，因为这么做骗子就算骗了人，也无法发财，只会变成胖子。

我这个朋友并不是一个游手好闲的人，他是一名公务员，在一个重要的部门工作，经常加班到深夜，但即使这样，也愿意为这种微不足道的小事而大费周折：既想让需要帮助的人得到帮助，又不想让坏人得逞。

这样的正义感，是他对于这个世界的温柔和天真。

也是这个朋友，很多年前我曾经问他：像你这样的人，为什么会去考公务员呢？因为他是那种率性不羁的学霸，不像是把稳定的生活当作毕生追求的人。我还记得他当时非常认真地回答我："我记得我念研究生的时候，我的老师对我们说过这样一番话，正因为公务员队伍中存在着不好的人、不好的现象，所以更需要优秀、正直、有理想的人加入进来，去努力为人民做对的事，去改变这个队伍，从而改变整个国家……"

这番话如果是一个陌生人在网上说的，我会觉得虚伪，但出自一个无话不说、知根知底的好朋友口中，不由让我动容。

他让我相信，这个时代仍然有人是心怀理想，带着使命感去报考公务员的。

这个朋友如今已年过三十，可我很难将他与中年、油腻之类的词联系在一起。我始终认为，一个成年人身上最弥足珍贵的品质是，历尽千帆后内心仍然还保持最初的天真。

因为财富可以积累，智慧可以启发，善良可以选择；而天真只会从大多数人身上一点点消失，它无法伪装，因为这是一种浑然天成的禀性与天赋。

拍《赵氏孤儿》的时候，导演陈凯歌为葛优说戏，说到伤感的剧情时，他吃惊地看见葛优这个老大不小的男人居然泪流满面。陈凯歌觉得很吃惊，这是拍戏啊，又不是真的，又不是你丧妻丧子，怎么一听就哭了呢？

后来，在电影发布会上，陈凯歌特地给葛优鞠了一躬，说：你是个真演员，我从你身上学到了好多东西，谢谢！

娱乐圈里一个个都是人精，作为大导演的陈凯歌阅人无数，什么厉害的人物没见过，而葛优却令他由衷叹服。这是因为葛优在娱乐圈摸爬滚打了这么多年，演过那么多戏，仍然心怀悲悯、仍然柔软、仍然天真，这是难能可贵的。

有时候，最珍贵的不是聪明、优秀、成功，而是聪明、优秀、成功后，仍然有一颗赤子之心。就像年过半百的马云，仍然像个少年一样追星，烧钱去和王菲合唱《风清扬》，又请了一堆功夫巨星陪他拍戏。虽然网上褒贬不一，但我觉得这样一个带点儿天真、幼稚的马云，比那些说话做事滴水不漏的商界精英更可爱一些。

现如今，我们发现互联网时代的有钱人都跟传统的有钱人不一样了，不再谨言慎行、循规蹈矩。首先是什么话都敢讲了——马云说自己对钱没兴趣，刘强东说奶茶妹不漂亮，马化腾说自己是个普通人，就是房子大一点儿。其次是不在乎形象，玩得开了——马云在公司年会上扮演白雪公主，马化腾在去年的腾讯年会上大跳热舞《BANG BANG BANG》，丁磊则一蹦一跳地上台扮清朝僵尸。

这种不在乎形象的举止、漏洞百出的说话方式，是一种反常规的天真率性，是一种更适应时代的人格魅力。

冯仑说：一个企业家、哲学家或者艺术家，都有他童真的一面。

你知道毕加索的画为什么值钱吗？不是因为他的技巧有多么高超，功力有多么深厚，而是无论他活到多老，绘画经验多么丰富，他笔下的世界都像是一个孩子第一次看到世界那样，充满了童真。一个人画画的技巧可以学习，经验可以积累，唯有童真是先天的。

一个人要避免油腻的中年生涯，最重要的不是穿什么衣服，把自己保养成什么样子，而是在自己内心里保留下那份永不泯灭的天真——对这个世界充满好奇，愿意去尝试、冒险，坚持梦想，不害怕丢脸和失去。

因为人生本来就是一个不断得到又不断失去的过程。可能你得到了阅历，却失去天真；可能你得到经验，却失掉了信任；可能你得到了财富，却失去了热情；可能你得到了稳定，却失去了冒险的快乐。所有的得到都意味着另一种失去。不肯犯错的人虽然可能一直正确，却不够有趣。而我们要怎样既聪明又天真，知世故而不世故呢？这需要一种平衡的天分。

天赋真的重要吗？

有很多网友向我提出过这样的困惑：我从来都不知道什么是自己的理想，更不要谈追求理想了。你能不能告诉我，我该如何找到自己真正喜欢且合适的工作？

我想说的是，一个人要在万千世界里找到自己的理想，并没有那么难。人的理想是由不同的因素促成的，我在此发表一些个人浅见，希望能给予那些正处于择业迷茫期的同学一点儿启发。

·促成理想的第一个因素是天赋

其实天赋并不是一件很玄的东西，它只不过是我们每个人身上的性格特质，我们每个人都有自己的性格特质，因此每个人都有属于自己的天赋。

我曾在文章里说过何为写作者的天赋。我认为一个写作者的天赋就是拥有强大的想象力、强大的好奇心、强大的倾诉欲、能够享受独处的乐趣……如果你能够因为一个人的一句话、一个动作脑补出一个故事；如果你发现身边有自己不知道的秘密，就抓耳挠腮地想去探索；如果你对生活的一点一滴都愿意不厌其烦地复述给别人听。那么，你在某种程度上已经具备了一个写作者的天赋。

是的，天赋就是这么简单。它不过是你拥有适合做这份工作的性格。比如爱八卦，这种可能会为人所诟病的性格缺点，却可以是一个传媒工作者的天赋；而味觉挑剔的人更适合当厨师；有洁癖的人更适合做清洁工作；锱铢必较的人适合做采购。

有时候，我会观察我身边的朋友和同事，发现他们每个人都有自己的特点。有的人有整理癖，她办公室里的桌面、家里的衣柜，都根据物件的形状、大小，排列得整整齐齐。这种具有超强耐性又超级细心的人，适合做各种管理类的工作。

有的人每天上各种购物网站收集促销信息，是我们的购物专家，大家买什么都要去咨询她。而她不去做电商、卖手机什么的，真是浪费。

有的人具有超强的亲和力，总能和陌生人一见如故，她适合做那种拜访陌生人的业务，比如销售类的工作。

而我，其实擅长和不擅长的工作一直径渭分明。我特别擅长需要想象力和动脑筋的工作，比如开策划会时，我可以很轻松地提出各种各样让领导满意的点子。我特别不擅长需要耐性的工作，如果让我做微商，我肯定做不好，我讨厌打包快递和填快递单。

所以，你会发现性格之于工作，只有合不合适。而且，性格越是鲜明的人越有天赋。有时候无视自己的性格而选择工作，会泯灭一个人真正的才能，让他没有办法将潜能发挥到极致。

·促成理想的第二个因素是热爱

当一个人真正热爱一项事物的时候，是可以克服天赋的不足的。比如我这个"吃货"，因为对美食的热爱，连一贯的讨厌简单重复工作的个性也消失了，为做一顿饭，我可以不怕麻烦。

我可以为了寻找到一瓶口感好的醋，连续跑三趟超市；可以将焯好的青菜，一根一根地像小山一样垒起来；可以以无限的耐心用牙签将明虾的虾线一根根剔除……要知道我平时根本没有这种耐心，我是个平日里连被子都不叠的人呀！

同样的，有一天我在微信朋友圈里展示我做的菜时，有个网友问我：为什么没有烘焙？我的答案很简单：因为我不喜欢吃甜食。

所以，你们会发现，一份工作的擅长与不擅长之间只隔着两个字：喜欢。我很确定我无法成为一个优秀的烘焙师，但我并不为此感到遗憾。

前不久，我和曾经工作过的网站的创始人池总一起吃饭，我问他：你招聘员工的首要标准是什么？

他不假思索地说：看这个人能否在这份工作中获得乐趣。由衷地热爱这份工作的人，一定会后来居上，弥补工作时间和经验的不足。所以每次招聘，我都会问同样的问题：你平时上哪些论坛？如果对方说不出个所以然，即使他其他方面再好，我都不会录用他。我不相信一个从来不玩论坛的人，会成为一个好的论坛管理员。

然而，热爱有时候也掺杂着其他因素。我给我热爱的杂志写稿子时会很用心；我给我热爱的品牌写软文，会特别细致。就像有些员工，努力工作的动力是热爱自己的公司，或钦佩公司的领导者。

·促成理想的第三个因素是强烈的企图心

还有一些人，性格发展比较均衡，没有特别突出的个性，也没有特别热爱的事物。但是他们有对成功的强大企图心。这种企图心能够促使他们趋利避害，去选择那些让自己更容易赚到钱、更容易获得成功的工作。

至于他们选择职业的动机，不是性格、不是爱好，而是风口，什么最恰当，什么最赚钱，他们就做什么。而对成功的渴望，能让他们把一件原本不感兴趣、不喜欢的工作做得很好。

这种类型的人是最厉害的。他们有足够的毅力去克服自己性格的缺陷，去征服自己不擅长的领域。乔布斯个性孤傲、自大、偏执，十分不讨人喜欢。像他这样的人是怎么完成一场场打动人心的精彩演讲的呢？靠的是毅力。

有一次，乔布斯要准备不久之后的苹果大会的演讲。他的合伙人想来看看他的工作，因为合伙人早就听说他是个工作狂，所以想来看看他是不是真的会为演讲做那么多准备。结果那几天里，乔布斯每天都在练习那个演讲，足足准备了三百次，每一次都会修改一些细节。

三百次——这就是乔布斯超越了大多数人的秘密。

还有腾讯公司的创始人马化腾，他说他天生内向，早些年，但凡美女来找他合影，他都会害怕得躲进办公室不敢出来，像个害羞的大男孩。可他在香港大学演讲台上的表现却让人惊艳。是他天生擅长或热爱演讲吗？不不不……

有时候，当一个人在不喜欢的工作里，通过努力获得辉煌成就时，他会发现，其实一个人是可以对这份工作培养出感情的，这种感情就叫成就感。

这个世界上，有些人坚持自己的理想，不做不喜欢的事；也有些人为了理想，强迫自己去做不喜欢的事。追求理想不是只有一种方式，而且，理想本身也不仅仅只有一种形态。

每一个愿意把工作做到极致的人，不管是坚持走自己想走的路，还是努力去让自己喜欢上自己别无选择的路，都没有高下之分，他们都是有理想的人，都是值得尊敬的。

像用对待金钱那样来对待时间

　　有一天，前同事向我抱怨，说自己一直在纠结要不要辞职。我听了很诧异，因为她在一家大公司做文案，由于在这家公司供职的时间较长，薪水逐年增加，现在的的月薪已经远远高于行业平均水平。如果离开这家公司，再找同样的工作，恐怕薪水只有目前的一半。

　　于是我劝她三思，我说：你现在待遇不错啊，中午还有食堂，不用操心每天在哪儿吃，多好啊！

　　她说：可是我每天都要写稿子，觉得好累，我想找一个工作量没这么大的工作。

　　我不假思索地说：相对轻松的工作是好找，但工作量少了，薪水也会跟着少，太不划算了。你每天写的那些东西，技术含量并不高。你如果嫌工作累，就给自己雇一个线上的助理。我认识很多人，也具备和你一样的写作能力，只是因为学历或地域受限，找不到你这样的工作。你找一个这样的人，稍微培训一下，让对方在家里给你兼职，你每个月分他一部分工资，他会很高兴，不用出门就可以工作挣钱。你也很高兴，每天的活儿有人替你干了，你就有精力学一些你感兴趣的东西了。

前同事一听，喜出望外：这个办法好，你怎么想到的？

因为我以前也遇到过同样的困扰。有一段时间，我在一家报社做文摘编辑，这是一份超级棒的工作——我每天负责看各种报刊书籍，然后挑出觉得符合我们刊物风格的文章。对于我这样热爱阅读的人来说，这样的工作就像玩一样。

但是每月总有那么几天，我会感觉特别痛苦，因为我要和其他栏目的编辑一起承担报纸的校对工作。校对绝对是我的弱项，我从小就养成了一目十行的习惯，看书一半靠眼睛一半靠联想。我没有办法像别人那样，一个字一个字地看文章。

每次要校对文章，我都觉得痛苦异常，好像那些字变成了无数只苍蝇，在我眼前乱窜。有时候我看了半天，都没法看出个所以然来。而我校对过的文章，错别字们还原班人马驻在那里，为此常被领导批评。

这种工作于我就是一份苦役，我甚至因此想过辞职。后来我想了一个办法，私下跟一位女同事商量：你帮我校对我那份好吗？我实在做不来，我给你钱？同事爽快地同意了，因为她不像我这般恐惧这个工作，她也乐得多赚一份钱。

于是，我付钱给同事，让她帮我做我不擅长的工作，达成了一种双赢的结果。我把原本用于校对的时间拿去写稿子，可以让我支付好几个月请别人校对的钱。

无独有偶，前一段时间看到一位女作家说，某年股市大热，不仅她和几个朋友在炒股，连她们的保姆也在炒，其中有个朋友的保姆在股市上赚了很多钱。然而，这位保姆并没因此贸然辞掉工作，而是另外雇了一个钟点工在开盘的时间替她炒菜。我当时看了大笑，大隐隐于市，真是个有思想的保姆。她既知道机不可失地赚钱，也知道赚了钱不可得意忘形，当大潮退去后她仍需要这份工作。

在生活中，很多人都知道最好能花最少的钱买到最好的商品，但是很少有人认真考虑如何把时间花在性价比更高的事情上。普通人一生为金钱而工作，却不太懂得如何让金钱为自己工作。

我养成了一种习惯，就是以对待金钱的态度来对待时间。当我选择做一件事的时候，我会在心里快速地盘算：我把时间花在这件事上是否值得，是否还有性价比更高的事可以做？我用这个标准来衡量我要不要做某件事。但是，我衡量一件事的性价比高不高的标准，绝不仅仅是金钱。

比如阅读，并不能让我直接赚到钱，可它能让我成长，为它花大量的时间对于我来说是值得的。还有，我也会花时间和有趣的人聊天，有人会问我：你不是很重视时间吗？为什么还聊天？我回答：千金难买我开心啊。

所以，那些花在让你赚到更多钱、让你成长、让你当时很开心上的时间，都是值得的。除此之外，为了省几毛钱花大量时间和别人讨价还价；在网络上花大量时间争论，让别人同意自己的观点；花半天时间在购物网站上找出最合适的物品……我觉得都是不值得的，当然会有很多人觉得值得，因为他们会说，我的快乐就是建立在这类事情的成就感上。是的，如果你真的觉得快乐，那花时间在这些事情上对你也是值得的。

既不盲目反对，也不轻易被说服

　　要说起碎片化阅读的危害，看看许多长辈在朋友圈的表现就知道了。一个对信息缺乏认知力和判断力的人，太容易被各种说法蒙蔽，听风就是雨，别人说什么就信什么。对于这样的阅读者而言，碎片化阅读就仿佛将一个毫无防备的心灵，放进一个鱼龙混杂的大染缸里，任其受百毒侵袭。浪费时间、金钱事小，没有堕入某个邪教已属万幸。

　　我们年轻人自认为比那些长辈们聪明，对于网络上各种精神荼毒的抵抗力要强一些。但实际上也没好到哪里去，因为更多的信息并不像"今天是马化腾生日，大家转发5个群就可以获得100个Q币"这样的谣言那么易于辨识。比如某一段时间，朋友圈很火的左脑、右脑岁数测试，最后被揭示出毫无科学依据，可朋友圈有多少年轻又聪明的人上当了呢。

不正确的理论经优美的文笔、严谨的说理后可能会被包装成某种进步思想，在潜移默化中悄悄灌输给你。例如微信公号里总有一些文章众口一词地教大家：好看的女孩自带烧钱属性，男人不爱便宜的女人，你要做自己的奢侈品，会花钱的人才会赚钱……千年的人类历史中，从国内到国外，都没有推崇过这么拜金的价值观。然而，在我们这个时代，这种带有促销性质的营销软文层出不穷，让很多人信以为真。

有一个我很喜欢的作者，有一天她在网上发表了一篇文章说，她觉得把有限的钱花在住五星级酒店上是很值得的，因为生命最重要的是体验，有时候我们应该给自己一些和日常不一样的奢侈。她的文笔和思路都很好，差点儿让我都信了。

不知道会不会有一些本来就入不敷出的读者，真的会拿一个月的收入去尝试一下。但是在现实中，就是有很多的人对自己特别好，还没有学会赚钱，但消费观却很超前，勇敢地花着明天的钱，月入5000元，贷款买10000元的奢侈品。我说，亲爱的大学生们，你妈赚钱很辛苦，她老人家从来不舍得给自己买500元的衣服，你用她的钱买5000元的包，你对自己倒是够好，你对你妈好吗？

当你相信那些"教你买买买"的文章是宇宙真理的时候，

拜托让她们先教你要怎样把花掉的钱赚回来好吗？她们只会告诉你"斩男色""姨妈色""豆沙色"的口红最好样样齐备，她们只会告诉你住五星级酒店有多爽，却从来不愿提醒你，分期贷款还不清的时候，你该怎么办？

也有一些作者，她们倒无意忽悠你，她们说的观点也不是不对，只是未必适合你。比如有个能力一般的女网友在公众号上看了几篇"女人要学会独立"，"要勇于离开对你不够好的男人"之类的文章，就开始风风火火地一手闹离婚，一手做微商。结果呢，婚是离了，微商却没搞起来，她的生活更艰难了。

女人要独立当然对，但不是每个人都有能力和实力，说独立下一秒就"咣当"一声独立了，这不是一手付款一手拿货那么简单的事。对于生活也是一样，迅速地结束现在的生活并不一定能马上迎来美好的新生活。

什么商品该买，什么商品不该买；什么事是对，什么事是错。你永远不能完全听别人的，你的人生是你的，你应该结合自身的现实情况，做出正确的判断与评估。只有这样，你才能在各种碎片化的阅读中安全着陆。

如果你做不到，就应该对碎片化信息保持警惕，坚持审慎的阅读态度。举个简单的例子，我工作过的网站，健康频道每天会转发各种健康科普类文章。作为编辑人员，我自己也会阅读。时间久了，我就发现阅读这类文章，对我们这种医学门外汉而言毫无意义，因为我经常会读到各种一本正经又自相矛盾的观点。比如，有的文章说苹果不削皮好，有的文章又说苹果还是削皮好；今天说走一万步好，明天又说走一万步不好。

这样的文章看多了，我不仅没有学会如何生活，反而被它们绕晕了，不知道如何是好。所以，后来我索性不再浪费时间看这类文章了。因为我没法判断哪些是对的，哪些是错的。

所以，一个人能不能从碎片化阅读中获益，其实取决于他在此之前是否已经形成了稳定的价值观和完备的知识体系。因为只有这样，他才具备对各种信息的判断能力，不会轻易就被各种似是而非的观点左右、煽动、说服，才能在无数碎片化的信息中去伪存真，汲取对自己有益的部分。

我曾在网上说过：那些不同的声音，像不同方向的风，只是将你变成一株摇摆不定的草。它们会一会儿让你向左，一会儿让你向右，一会儿让你向前，一会儿让你向后。你感觉自己一直在走，其实不过是在原地踏步，并没有进步。

那么，我们在无法避免碎片化阅读的如今，要怎样做才能有效地减少这种阅读带来的危害和无用功呢？

· 在有条件的情况下，一定要大量阅读书籍，阅读经典，帮助自己建立正确的价值观和知识体系。并不是说书上写的就百分之百正确。但是相对于门槛极低的网络写作，书籍出版具备一定的专业性，并且经过了重重的考验和审核，错误率会降低很多。

　·关注来源相对权威的媒体、信得过的作者以及专业人士的推荐。比如我自己对健康科普类的文章没有辨识能力，但是我有个医生朋友写的医学类文章，我还是愿意看一看。

　·兼听则明，既不轻易被说服，也不盲目反对。能够接受不同的声音，不要一看到别人说的观点跟自己不一样，就觉得被冒犯。也许你不需要去相信他，但需要用包容的心去了解一下不同的人、不同的想法，即使知道那是错的，也只是在心里想：**噢，原来有人是这样想的。**

阅读能让你看清这个世界的本质

我曾经出版过一本讲说话技巧的书，有网友看过之后，给我发信息说：看了您的书后，我又买了十多本类似的书，为什么书中的每个故事我都看了，也用心记了，但没过多久就忘了，也没能在生活中用上呢？

我想这个问题，估计许多人在实际生活中也会有。因此，我觉得有必要和大家聊聊如何通过阅读一本书来学习和成长这个话题。

· 学习到的信息需要不断地巩固

我曾经在一篇文章中提到过：需要背才会有用的书是成功学。很多人对成功学嗤之以鼻，但事实上不是成功学没有用，而是你只看了一遍根本记不住，你的执行力度根本不够。就算你读的是《葵花宝典》，你也不会因为只看一遍，就武功天下第一了。

我见过一个成功运用成功学里的道理获得成功的人：他把他觉得有用的技巧与道理背下来，每天早上如诵经一般温习一遍，且认真坚定地去执行，最终从一个名不见经传的二本院校跨专业考取了北大的研究生。

阅读让我们知道自己有哪些不足。然而，要改正这些不足，仅仅停留在有所认识的阶段是不够的。古语有云：知易行难。这是说，明白一个道理很容易，做到却很难。

我也在努力让自己成长。虽然我做不到把我相信的道理每天像诵经一样念一遍的程度。但是我会把自己认为需要学习的那些句子，一个字一个字地打在文档里，又一个字一个字地在笔记本上抄一遍，每隔一段时间，当我觉得快要忘记时，就会翻出来再看一遍。

只有当你不需要翻笔记，心中就能自然而然地涌现出那些句子所揭示的人生道理时，它才能真正为你所用。

· 先定一小目标

不要总想着一口气吃成一个胖子，不要总想着看十本书就能成为一个优秀的人。倘若学习如此容易,我们看看李嘉诚的自传就能成为富翁,读读《特朗普传》就能当上美国总统,岂不是每个人都能成功了?成功很难的最重要原因,不是因为成功的方法很隐秘,而是一个人想要改变自己是一件很难的事。

一夜蜕变只是幻想,我们要一步一步来,每个阶段只着重去养成一个习惯。比如你想成为一个擅于表达的人,平时就应该从学会如何和别人"破冰"开始:每天鼓起勇气找一个陌生人交流一次。而话太多的人就应该从学会在谈话之前事先准备和选取自己要说的话题开始。虽然每个人努力的方向不同,但我们努力的方式是相通的。

去年,我努力的目标是让自己养成写作的习惯。因为在此之前,由于工作的原因,我的写作总是有一搭没一搭的。为了养成这个习惯,我进行了为期30天的连续写作训练——就是每天都要求自己写1000字以上,连续坚持一个月。然后,休息几天,再来一个回合。这样差不多训练了一百多天,当我写作的数量和质量都稳定下来后,我才开始给自己设立新的目标。

今年,我努力的目标是让自己养成健身的习惯。去健身房这件事,对于我这种从小体育成绩就不及格的人来说,是件让身边的人大跌眼镜的事。我并不喜欢运动。可是我写作需要保持充沛的精力，所以，当我去健身房给自己办完卡的那天起，我就不假思索地严格执行起来。只要不是特殊情况，我都会雷不打动地去健身房。运动给我带来了很多好处，到现在我不再像往年那么怕冷了，记忆力也变好了，头发也不容易掉了，饭量也增加了……

总而言之，成长无法急于求成，是需要预先设立种种小目标，然后一步一步去前进，一点一点去坚持，一个一个去征服的。

·由浅至深，先从有所不为开始

可能有些读者会觉得每天坚持做一件事，执行起来会很困难。比如叫你按照我书里所写的每天去发现一个人的优点，然后去赞美他；或者每次和别人说话之前，先去想如果自己是对方的话，听到这句话会产生怎样的情感。一开始要做到这些也太累、太麻烦了。

其实，我们可以试着先从不该做什么开始，在以前写过的一篇表达技巧的文章中，我曾和大家分享过一些不要做的事情。比如：不要和陌生人吵架，不要好为人师，对朋友做过的丢脸的事要假装看不见，如果不能提出可行性意见就不要批评，等等。做减法，可能对大多数人而言会比做加法更容易一些。

·然而提高情商最重要的不是技巧训练

我在我的书里给大家分享了各种口才、社交方面的方法和技巧。但是更多时候，我想要做的是转变读者们心中的一些既有观念。因为我认为有些人之所以情商低，根本不是他缺乏说话的技巧，而是他对世界的看法与别人不同。

比如，我每天中午要点外卖。送餐员迟到了半个小时，有的人会勃然大怒，但我不会。不是因为我脾气好，而是因为我觉得，早点儿送来，我就早点儿吃；晚点送来，我顶多吃得晚一点儿，如果很饿就先吃点儿零食，这不是什么大事。有送餐员的存在，我才可以享受这种方便，我应该感谢他。而且，如果他们哪天送晚了，肯定不只给我一个人送晚了，是给前面的一串客户都送晚了，估计已经有人骂过他了。

可能有人会指责我：就是因为你这种人的姑息纵容，才会导致大家享受不到更好、更及时的服务——只有批评、投诉才能促进他们进步。但我觉得送餐员主观上是不想送餐不及时的，他也想快点儿送，好多几单多赚点儿钱。如果迟了，很大程度上是订单多忙不过来，这是人手的问题。

　　提高情商，不是让我们变得市侩和狡猾。从某方面来说，是让我们能够由衷地理解别人的处境和难处，是因为懂得，所以慈悲。可是我们要如何去懂得呢？只有两种方式，一种是去切身经历对方的处境，一种就是通过他们的故事去了解他们。只有当你明白了他们的辛苦和不易，才能真诚而温柔地去看待他们。

　　我想，这就是读书的意义吧。

工作能让你看清自己

经常看到有人在网上问这种问题：我该不该辍学去写小说？

大概在他们的想象里，写小说这件事应该是既轻松又好玩且能赚大钱的工作吧。

作为一个全职写作了好几年小说的人，我来告诉你写小说有多"好玩"：我刚开始尝试写小说时，是在一个网站上进行的，我初学时遇到的最大的障碍是写不好对话。当时，我全凭想象写出来的各种角色对话，既空洞又生硬。比如我写两个人见面：

你好！

你好！你最近好吗？

还不错……

然后，我就不知道怎么往下写了，事实上人们根本不会这样讲话。

没有老师教，我只好自己想办法。为了解决我不会写对话这个问题，我做了什么呢？我用了一个看似很蠢的学习方式——我去找了很多本长篇小说，把上面的对话背下来，就像背乘法口诀那样。经历了大量的背诵后，我才慢慢熟悉了人们在什么情形会说什么样的话，人们会以什么样的语气说话，等等。所以你们以为不上学，就能逃开死记硬背了吗？不能啊。一个再优秀的演员也要背好台词，一个再有天分的歌手也得记歌词啊。

而且写作光靠死记硬背是不行的，要令小说人物真实而自然地说出他需要说的话才能推进情节的发展，海量的记忆只不过是独立创新的基础准备工作。除了少数天才，一个人学习写作，可能需要大量的阅读、背诵、笔记，写废成百上千篇文章，才能学会如何写好一篇文章。

如果只是为了逃避繁重单调的学业，就决定辍学去写小说，那简直是刚刚脱离火海，又进了刀山。而且考试嘛，考来考去总是有限的知识点，脑子再不好使，只要愿意花时间多念几次，一定能考到更多的分数。但是写小说就不一样了，有些人无论付出怎样的努力，也未必能写出优秀的小说。有些事就像唱歌一样，叫一只公鸭嗓唱一万次，也练不出天籁之音。

所以那些喜欢问我该不该辍学去做××的人，就好像在问：我百米赛跑跑不过别人，我能不能直接去参加马拉松？当然可以，但前提是你要知道这两件事之间的差距——其实是前者比后者更容易。莫言只读到小学四年级，韩寒高中没毕业……学历从来不是写作的门槛。但这并不是说写作是没有门槛的（如果一定要说，学习和勤奋就是写作的门槛）。

莫言、韩寒等人，可能因为没有条件上学或者因为某些原因无法在学校学习。但是这不代表他们不学习、不勤奋。

作家需要宽广的知识面，需要与时俱进，需要比普通人更多的见识。一个懒惰、不喜欢学习的人，是没法当一个好作家的。不不不，是没办法从事任何一项正经工作的。每个领域的杰出人士之所以成功，不仅仅是因为他选择了自己热爱的工作，更重要的是因为他有着超于常人的自律和勤奋。

这个世界上有很多看起来光鲜体面的职业，吸引着充满美好幻想的年轻人，比如职业电竞。

天天玩游戏，又能赚大钱，一定很爽吧？并不是的。我看过一个电竞高手的新闻报告，他每天要进行十几个小时的高强度训练，为了追求技术的准确和精湛，在单一动作上需要机械式地重复成千上万次。要做到这一点除了动动手指外，还需要精神的高度集中。这样单调枯燥的训练，早已没了趣味，因此需要常人无法企及的毅力才能坚持下来。

其实写作也一样啊。

每个作者都经历过写不出来的痛苦阶段。有人曾经问我，如果写不出来，我该怎么办？

我的回答是，如果小说写不出来的时候，你就写散文；散文写不出来，你就写诗；诗也写不出来，你就造句。造句你总会吧，第一天先造100句，以后每天增加30句，坚持半年试试。

脑力工作最大的辛苦，不在于工作本身，而在于某些时候即使你愿意辛苦地写，都会力不从心。常常是绞尽脑汁地想一天，也打不出一段满意的文字。每当这个时候，我认为最好的应对方法就是用机械式的训练来代替思维训练，比如造句、背唐诗、抄写某本书的一个章节。造100个句子与写一篇3000字的小说相比，难度还是差了一些。单纯从工作难易程度来说，相信很多人更愿意去造句。

这份工作给我留下的后遗症是，原本表达欲极强的我，现在在网上根本不想回复任何网友的私信，也不想和陌生人聊天。原谅我，虽然邮箱里的每条留言我都会看，但因为我这些年天天打字打得快吐了，所以很少回复。这种感觉就好像很多技艺精湛的厨师，下班回家后情愿吃泡面也不想下厨给自己做点儿好吃的。

因为再有趣的工作，时间一久都会让人感觉了无生趣。

如果我不快乐，还怕什么让你失望？

　　有一段时间，我和陌生人合租。三室一厅的房子，我住的是一个次卧，我对面住着一个女生，我隔壁也住着一个女生。

　　我们各自都在家做饭吃，隔壁那个女生隔三岔五向我借这借那，今天借个蒜，明天借个醋。因为都不是什么值钱的东西，于是我就跟她表示不用特地跟我说，都在一个厨房，需要你就用吧。

　　这个女生特别勤俭持家，后来向我借东西的范围渐渐扩张，不再仅限于厨房，只要是她需要的，只要是我有的，没有她不"借"的。比如我有一双拖鞋，总是放在卧室门口。于是她就觉得自己不用买拖鞋了，穿我的就好了嘛。洗完澡、临时下楼取快递时总是顺势穿上我的拖鞋就走。

我这个人没有洁癖，也不太娇情，穿了就穿了。问题是有时候拖鞋被她穿走了，我就没得穿了，一双拖鞋才多少钱啊，于是我又买了一双回来。这下好了，以前她"借"走之后，还会不时地"还"回门口，可自从我买了一双新的，她就把我的拖鞋当成她的了。

还有一次，她跟我说脸上长痘痘了。我跟她讲我有一瓶面霜，对痘痘特别有效。我还十分热心地主动拿出来借她抹一抹。这个举动真是引火烧身啊，从此，她每天早上、晚上准时来敲我的门，言辞恳切地对我说："麻烦你借那个面霜再给我抹一抹。"她连续"借"了一周，我快被她烦死了，终于忍不住对她说："这个面霜也不贵，楼下超市就有卖的，你自己下去买一瓶吧。"她才作罢。

她最终惹恼我的，不是总向我借油盐酱醋、洗发水、拖鞋、护肤品、卷纸、卫生巾……而是有一次，我妈来看我了，并在我这里住了几天。有一天，我去上班了，我妈闲着没事，就想把房间打扫一下。看到客厅放了一个扫把，没有多想，拿起那个扫把就去扫客厅了。结果被那个老是向我借东西的女生看见了，她十分认真地跟我妈说："阿姨，这扫把是我的！"于是，我妈只好尴尬地把扫把放下了。

我下班回家后，我妈把这件事告诉了我，她说，"你这室友怎么这样，我只是想用扫把扫一下地，她好像我抢了她什么值钱的东西似的。"我听完气得火冒三丈。她平时不借我的东西也就算了，她向我借东西借了不下100回，我几乎没有向她借过东西。我妈不小心用了一下她的扫把，还是要打扫公共区域的卫生，她居然对我妈宣布所有权。

这不是什么大事，我生气的是她为这鸡毛蒜皮的事惹得我妈不高兴。于是我就把那双被她长期霸占的拖鞋拿了回来，洗干净了，藏了起来。当时我的心中烧着复仇的火焰：虽然我有的是拖鞋，但就是不给你穿。

过了几天，她跑来敲我的门，我一脸冷漠，她倒毫不拘谨，开口就说：你的拖鞋借我一下嘛，我要去新房子那边搞卫生（她刚买了一套两室一厅的新居）。我早有准备地应对道："啊，不行啊，我的拖鞋已经洗干净收起来了。"这已经是非常果断而明确的拒绝了，但我还是低估了她脸皮的厚度。她锲而不舍，一脸讨好地说："你先借我，等我穿完一定洗干净了还给你，拜托了。"我一愣，没防备她会如此说。我又怂了，虽然心里一万个不爽，却还是乖乖地把拖鞋拿出来借给了她。

这邻居气死我了。然而要逼我当时就说出"这双拖鞋，无论如何，我就是不想借你"这种话，我实在说不出口啊。即使我们连普通朋友都算不上，只因为低头不见抬头见的关系，我不想做当面让人下不来台的事。可是为什么有些人就从来不顾及别人的感受呢？

前几天我发表了一篇文章，有个网友问我：鲁西西，为什么你总是遇到奇葩？其实我心里很明白，这肯定是当时的我有问题。于是我自嘲道：因为我以前是个包子，所以总是被狗跟着。

一个不会说不的人，注定要比别人遇到更多不合理的索取。我以前非常不会说不，后来我开始反省这件事。为什么我明明心里被气得半死了，可还是忍不住装大方、装好人？后来我终于想明白了，那是因为我内心深处畏惧着一件事情：我害怕和别人发生冲突，害怕自己的表现令对方失望，害怕由自己引发的冲突和失望会影响这个世界对我的评价。我如果不违心地答应别人，不去避免让别人失望，就会影响我成为一个高尚的人。这其实是一种价值观方面的不自信。

然而我发现，不仅是我，身边有很多朋友，还有网上的很多网友，都时常会遇到这样的困扰。他们会向我倾诉，身边的某些人有多么可恶，怎样一次又一次做了过分的事，提出离谱的要求，可是他们却不好意思拒绝和指责对方。他们理由是，如果我为这么一点儿小事斤斤计较的话，要是搞得大家不欢而散，别人会觉得我情商低。

但实际上，这是我们大多数人长期以来对情商的一种误解。我们以为尽可能地避免和别人发生冲突、不和别人吵架就是情商高。

错了！

一个人总是和别人发生冲突，和一个人总是不敢和别人发生冲突，两者都是不健康的心理表现。真正情商高的人，更懂得如何化解人际关系上的冲突，但是到了必要的时候，也会勇于面对，绝不会畏惧人际关系上的冲突。

如果在你面前晃来晃去的那个讨厌的家伙，你一直好好沟通他却不听，你又那么生气。那么，就试着和他吵一架吧！不要压抑你的天性，对他讲出你的真心话！

如果时光倒流，我就会跟上文中提到的那个女室友说：你天天向我借东西，私人物品也借，虽然钱是不多，但是老麻烦别人，你不烦，别人也会烦啊！对啊，我就是小气鬼，那又怎么样，至少我没有影响别人，没有损人利己。难道不想借给你东西有罪吗？我有的就该借给你，凭什么啊！

我是不是一个高尚的人，并不在于我能够容忍别人多少不合理的言行，而在于我自己的言行合不合理。